本书获得上海社会科学院
"世界经济"重点学科出版资助，在此谨表感谢

黄烨菁·著

信息技术产业的国际化发展

——形态、机制与技术升级效应

上海社会科学院出版社

序

信息技术产业无疑是最深刻影响经济全球化的产业,不仅为经济全球化提供技术手段,而且自身的专业化分工发展进程充分展示了国际化生产方式的形态,虽然以计算机和通信为本源的信息技术在新科技革命的尖端技术行列中不再是最活跃的领域,但是该产业在发展中国家开放经济进程中占有非常重要的地位。在新兴市场国家和众多发展中国家中,信息技术产业在现代工业体系中都扮演着重要角色。从这个意义上看,信息技术产业国际经营模式的新特点和新趋势是目前经济全球化研究领域中重要的产业研究对象。

黄烨菁博士的这本论著正是基于这个出发点,着力探索信息技术产业国际化进程背后的动力机制、分工格局的特征以及发展中国家获得的效应。本书是她承担的上海社会科学院博士科研启动项目的最终成果,是她近几年对全球信息技术产业跟踪研究的一个总结。此前,她已经发表了包括高技术产业国际投资、信息技术产业发展动态以及发展中国家开放条件下技术进步在内的一系列研究报告和论文,这些都构成本书重要的前期准备,理论成果的积累和对现实情况的及时把握使得本书的研究体现了较高的学术价值和现实意义,不仅丰富了产业国际化理论的发展,一定程度上也为中国提升产业开放水平的战略思路提供了理论支持。

目前相似主题的研究大多围绕着信息技术产业市场发展的介绍,相关研究聚焦产业的创新效应、国际化态势以及发达国家与发展中国家在贸易和投资规模上的发展,由于产业内新技术和新产品的不断涌现,以及激烈的市场竞争下的产业重组态势使得一些研究过多关注产业的动态发展,而对产业国际化进程背后的动力机制以及发展中国家角色的理论解释相对不足,尤其是近年来产品内分工为本质特征的专业化分工趋势对技术后进国家带来的影响。本书试图超越相对琐碎的动态情况研究而对该产业的分工格局以及价值链下的企业关系作深入透视,并综合多个理论视角对发展中经济体获得的技术效应加以剖析,对于我们考察发展中经济体开放条件下技术升级有重要的样本意义。

　　本书认为，信息技术产业在发展中国家开放经济发展中占有极其重要的地位，大量的案例表明参与该产业的国际生产体系是发展中经济体改变传统分工地位的一条重要道路，通过考察发展中国家参与该产业国际分工的具体模式及其特点，我们对发展中经济体融入全球高技术产业跨国生产网络的路径及其与技术进步的关系将有一个全面认识。从这个意义上看，这项研究对于解读经济全球化对发展中经济体产业升级的效应具有重要的理论价值。

　　本书的主要观点是：信息技术产业由于特殊的产品微观特征和多元要素结构形态，对于技术后进国家嵌入到国际生产体系中总体发挥积极作用，而且产业客观的技术形态也有助于技术后进国家沿着价值链附加值阶梯实现功能升级，通过"干中学"途径，部分发展中经济体也成功地进入到知识要素密集的价值链功能环节。在该产业的国际化生产模式上，随着生产过程中技术分工性提高以及模块化组织形态的加强，生产网络内各个生产工序跨越国界的安置和链接越来越倾向于以非股权纽带的外包模式。这个纽带下技术流动效应与FDI为载体的垂直型技术转移效应之间存在着一定差异，外包模式下的技术活动更多地受到相关产品市场供需关系以及全球价值链下各个功能环节之间的非均衡性特征的影响。根据实践，包括市场渠道和品牌经营能力在内的非技术要素对于发展中国家承接外包下的动态竞争优势发挥着越来越重要的作用。

　　黄烨菁博士作为我所青年科研骨干之一，这本书是她近几年研究工作聚焦全球科技竞争与高技术产业发展的一个阶段性成果，基于这项研究的中间成果以及相关的学术积累，她已经获得了国家社会科学基金的立项，将就产业国际化的外包模式对中国的产业升级作进一步的研究。可以相信，我们很快会看到她在该领域的后续成果。

张幼文
上海社会科学院世界经济研究所所长、研究员

前　　言

　　国际化生产和经营的基本主体是跨越国界进行生产和经营活动的跨国企业，近几年，越来越多的跨国公司通过海外设厂和外包生产将以往国与国之间的产业间分工和产业整体性专业化发展转变为产业价值链在国与国之间的分段设置和有效组合，这就构成当代产业全球化的形态。本书选择典型的全球型产业——信息技术产业为研究对象，对当代产业国际化的发展形态和机制展开分析，从其动态的国际分工格局与国际产业转移特征分析当前经济全球化在产业层面上的属性以及对发展中国家的影响。

　　目前对信息技术产业的研究大都集中在产业国际市场竞争和技术创新成果的描述上，本书则超越对产业国际贸易、国际投资和技术创新进程等问题的总体概括，深入到对其产业国际化进程中价值链形态的形成机制与效应的分析，并通过梳理该产业国际分工格局，揭示产业跨国生产、产业转移以及技术后进国家企业依托跨国生产网络实现升级的路径与影响因素，力图总结发展中国家企业与发达国家企业在专业化分工格局下的技术合作和发展中国家企业升级的规律。

　　笔者以当代国际分工格局新形态与全球价值链的垂直分离理论为全书的理论框架，结合跨国企业国际外包策略理论以及开放式创新理论的视角，对信息技术产业价值链实现跨国安置的总体格局与内在机制进行深入剖析，并选取典型的发展中国家经济体案例以及行业案例就技术后进方实现升级的微观路径与机制加以探索。后者作为本书的重点，主要从两个层面展开：首先，在宏观层面上从产业内技术外溢视角提出信息技术产业跨国生产网络内的技术流动形态，对国际生产网络内领先企业对跟随企业带来的技术升级效应加以阐述；其次，以国际化生产下的技术学习机制为切入点，提炼技术后进方实现技术进步以及价值链功能升级的载体、路径与影响因素。这部分选择目前信息技术产业零部件行业中最为活跃的芯片行业以及信息技术产业具有较强国际竞争优势的中国台湾地区分别作为主要的行业与国别及地区案例。

　　本书的内容起始于对信息技术产业微观属性的描述,就该产业国际化生产与竞争的发展动态阐述产业在当代的国际分工格局,从产业和企业两个层面就国际产业转移与对应的全球价值链跨国安置以及经营载体的模式展开分析,厘清该产业实现国际化生产经营的微观动力机制,进一步就发展中经济体实现价值链升级与提升竞争优势的路径及影响因素加以总结并作案例剖析,最后针对中国参与该产业国际化生产的进程与战略导向展开分析。

　　在这一思路下,全书七章的内容可归纳为五个组成部分。第一部分是对信息技术产业总体发展特征的概述以及全文理论分析视角的介绍,包括第一与第二章;第二部分则深入到产业国际分工的形态,运用国际分工理论中的产品内国际分工假设,剖析该产业部门重点行业的国际分工格局与东亚地区内部的垂直型分工形态和主要国家的竞争模式,构成全书的第三章;第三部分以全球价值链理论为分析框架,剖析该产业跨国公司全球生产与经营的内在机制,并引入跨国经营与价值链治理的部分理论视角,重点就价值链内部非股权纽带的"片断化"跨国安置的特征加以描述,从中探索该产业对当代国际生产体系变革趋势的意义,是全书的第四章;第四部分从新经济增长理论视野下的"干中学"机制入手,剖析技术后进方企业技术学习的依托价值链功能升级从而提升竞争力的内在规律,分析发展中经济体在上述国际化经营模式过程中多元化的技术关联,阐述发展中国家企业如何在参与信息技术产业国际生产网络的微观过程中实现技术升级,包括第五与第六章。第五部分结合目前中国的实践对我国信息技术产业在产业价值链内的位置与竞争优势加以阐述,并选择典型行业对信息技术产业提高国际竞争力的现存障碍展开分析,最后提出发展产业自主创新能力的战略取向。

目 录

第一章
概　　论

信息技术产业作为第四次技术革命最显著的产业化成果,对世界经济全球化的发展态势以及发达国家与发展中国家的分工格局都带来深远影响。将这个产业置于全球化形态和国际生产体系变革的大框架下,考察其发展进程和动因,对于我们廓清当代全球化经营的发展脉络,解读发展中国家开放条件下的产业升级具有重要意义。

第一节　信息技术产业的概念
界定与分类

信息技术产业在许多场合用信息产业这个名词替代。在现有的文献中,信息技术产业与信息产业的概念内涵大体相近,目前尚未对此形成统一的产业界定和分类标准,国内外以及国内不同组织之间在具体的产业划分上不完全一致。造成这个情况的一个重要背景是由于信息技术领域具有动态性强、新技术突破和新产品开发非常活跃的特征,导致产业和产品的界定存在难度。但是在产业大类划分上,学术界和实务部门基本上是一致的[①]。

一、国外相关研究的成果

信息产业作为诞生于美国的 20 世纪新兴产业,是一个与信息革命同步发展起来的产业。根据美国商务部的定义,信息产业就是利用信息技术生产信息设备的产业。因此,该产业的分类与产业的主导性技术密切相关。早期的信息论的研究

---

① 本书中对信息技术产业和信息产业未作仔细区别,互相通用。

主要在通信领域展开,这个研究领域的开创者劳迪·沙农、约翰·皮尔斯和罗伯特·勒济等人都是以通信领域为研究对象,随着后来计算机技术和网络技术的兴起与产业化成果的凸显,通信业和计算机业的技术标准趋向统一,共同构成信息产业的主体。根据1998年美国统计署公布的北美工业分类标准(SIC),信息产业的分类如表1-1所示:

表1-1 　　　　　　　　 美国工业分类标准中对信息产业的分类

计算机硬件产业	计算机软件和服务产业
计算机及辅助设备的生产商	计算机编程服务供应商
计算机及辅助设备的批发商	预制编程服务供应商
计算机及辅助设备的零售商	软件批发商
计算机及办公设备生产商	软件零售商
磁性和光学记录媒介生产商	计算机系统集成设计厂商
电子管生产商	数据处理服务商
印刷电路板生产商	信息保存服务商
半导体生产商	计算机管理服务商
电路器件生产商	计算机租赁商
工业计量设备生产商	计算机维修保养服务商
电气测量设备生产商	计算机其他相关服务商
通信设备产业	通信服务产业
家用视听设备生产商	电话电报服务商
电话电报设备生产商	广播电视节目供应商
无线电、电视和其他通信设备生产商	有线信息服务商

资料来源: 美国商务部经济统计政策发展办公室报告:"The Emerging Digital Economy Ⅱ",第2章"信息产业",1999年6月,转引自周洛华:《信息时代的创新效应》,复旦大学出版社2002年版。

国外学者的研究也涉及了信息产业的分类,根据美国经济学家波拉特于1977年在《信息经济论》一书中对信息产业的界定,信息产业可以分成信息工业、信息服务业和信息开发业三个子产业,对应的典型产品分别是信息设备、信息服务、信息内容及信息软件。根据这个研究,信息产业的产业层次属性是"跨界"的。在上述三个子产业中,信息工业属于第二产业,相关的产品为整个信息产业构建硬件基础,即为信息服务、信息内容开发和信息软件发展形成物理载体;而信息服务业和信息开发业则具备服务业的特性,在当前网络技术日新月异的情况下,信息服务业与信息开发业与信息技术产品的制造高度结合,无论在产品价值链组合和商业模式上都体现出彼此融合、相辅相成的趋势。信息产业作为第四次科技革命催生的新兴产业,体现出鲜明的不同于传统现代工业的增长路径和企业经营模式。但就产业的国际分工演进和跨国公司竞争格局而言,表现最为鲜明的还是在信息工业领域,即基于信息技术的设备和产品的制造。

1996 年 12 月 13 日在新加坡由 28 个国家政府参加的 WTO 部长级会议上通过了《关于信息技术产品的部长宣言》(又称"信息技术协议"),指出: 信息技术产业主要包含五个部分: 计算机(包括打印机、扫描仪、显示器、硬盘驱动器、电源等)、电信产品(包括电话机、传真机、调制解调器等)、半导体(包括芯片和晶片)、半导体制造设备和软件(包括磁盘和光盘驱动器)。由此可见,这一重要的国际协定对于信息产业的认定也是基本围绕着信息工业产品。

二、国内相关研究的成果

我国对于信息技术产业的界定也不统一,公开的统计资料中尚无对"信息技术产业"比较权威的提法和分类标准。根据国内对制造业的分类,与信息技术相关的产业有计算机设备制造业(包括集成电路业)、通信与网络设备制造业以及其他信息设备制造业。根据《中国高技术产业统计年鉴》对中国高技术产业的分类标准,与信息技术相关的两大类高技术产业分别是电子与通信设备制造业以及计算机与办公设备制造业,这两类产业的技术基础主要是信息技术领域内的电子技术、信息传输技术、计算机技术与网络技术。可以看到这个分类体系与前面提及的美国官方的分类标准本质上没有太大区别。对电子与通信设备制造业以及计算机与办公设备制造业两个产业大类作进一步细分,共包括 13 个行业小类,这些行业门类可以帮助我们认识信息技术制造业的构成,行业分类情况如图 1－1 所示。

根据我国国民经济行业分类,软件产业和信息服务业都被纳入广义的计算机产业中,这个分类是基于早期软件行业基本上服务于电脑产品的状况,而且在行业管理上也与计算机产业归入同一部门(如图 1－2)。而信息服务业的归属则是因为早期的信息服务是围绕着计算机设备运用相关的服务,属于计算机行业的一个延伸。

电子及通信设备制造业									电子计算机及办公设备制造业			
通信传输交换与终端设备制造	广播电视设备制造	电子真空器件制造	半导体分立器件制造	集成电路制造	电子器件制造	电子元件制造	家用视听设备制造	其他电子设备	雷达及配套设备	电子计算机整机制造	电子计算机外部设备制造	办公设备制造

图 1-1　信息技术产业的分类

资料来源：国家统计局编：《2003 年中国高技术产业统计年鉴》，中国统计出版社 2003 年版。

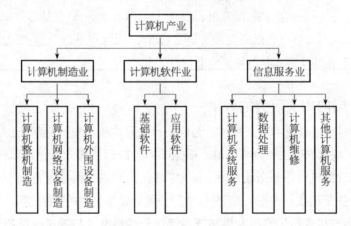

图 1-2　计算机产业分类示意图

资料来源：《国民经济行业分类》(GB/T4754-2002)；上海财经大学产业经济研究中心：《2007 年中国产业发展报告——国际化与产业竞争力》，上海财经大学出版社 2008 年版。

综上，信息产业的广义界定是运用信息手段和技术，收集、整理、存储、传递信息情报，提供信息服务的产业。它包含信息技术设备制造产业与信息技术设备生产相关的软件产业以及与信息内容传播相关的信息服务产业，后者属于信息服务业和内容产业，在目前日趋活跃的网络产业和制造业服务化的大背景下，信息服务业和信息内容产业发展蓬勃。信息技术制造业已经无法脱离信息服务而独立发展。但是，目前在信息产业领域内与新型工业化经济体和中国等新兴市场国家的国际竞争关系较密切的还是信息技术设备制造业。

我国数量经济学家和信息经济学家乌家培教授认为：信息产业是为产业服务

的产业,是从事信息产品和服务的生产、信息系统的建设、信息技术装备的制造等活动的企事业单位和有关内部机构的总称(马家培,1999)。同时,他认为信息产业有广义和狭义之分。狭义的信息产业是指直接或者间接与电子计算机有关的生产部门,而广义的信息产业是指一切与收集、存储、检索、组织加工、传递信息有关的生产部门。后者在行业门类上包含信息技术设备制造行业和信息内容传播的相关的服务行业,尤其是依托网络的信息服务业和内容产业已经成为信息产业中发展最为活跃的组成部分,与目前网络产业发展动向和制造业服务化的发展趋势是一致的。信息技术制造业已经无法脱离信息服务而独立发展。由于本书的研究对象集中于东亚新兴工业化经济体和中国,所以在理论阐述和案例分析上的重点还是信息技术产品制造,即狭义的信息技术产业制造,对应的主要行业门类包括计算机及其零部件制造业以及通信技术产品制造业。

根据上述信息产业的界定和分类,信息技术制造业接近于国民经济分类下的电子信息产业,最主要的两大类别是电子信息技术装备制造(如计算机和通信设备)以及电子信息技术器件制造(包括半导体集成电路和各类电子零组件)。其中,半导体集成电路产业是推动电子信息产业重大技术突破的主要领域,也是目前我国产业振兴规划的重点产业,其中围绕着芯片产品的技术开发构成产业升级的重要动力。考虑到中国台湾在该产业领域获得的国际竞争力,笔者借鉴该经济体对电子信息产业的分类来考察这一产业领域的基本构成(见图1-3)。

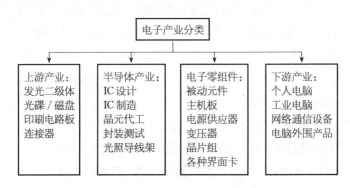

图1-3 电子行业的主要分类

资料来源:台湾工业技术研究院(ITIS)编:《产业附加值影响因素前期研究》,台湾工业技术研究院产业经济咨讯服务中心,2007年版。

由于信息技术创新活跃,各个子行业主导技术之间的融合也日趋活跃,因此产业间的专业化分工形态实际上时刻处于变动过程之中,由此,笔者在产业层面上的分析无意对上述产业门类作全景式的描述,而是将选择对象置于一个相对“粗略”

的产业边界下,重点选择与中国信息产业发展进程关系密切的子行业作深入考察。需要说明的是,由于数据出处的问题,不同来源的资料在具体产品细分特征上往往无法做到完全一致。

第二节　产品的微观形态与创新动向

当代世界经济从原来倚重自然资源和制造业的国别型经济转向倚重"软性"技术资源和服务业的区域型与全球型经济。这个转型在全球信息技术产业的发展道路上得到了充分的体现,该产业的国际贸易相比其他产业更加活跃,宏观层面的国际分工已经呈现鲜明的产品内国际分工的格局。从企业视角看,该产业领先型跨国公司根据全球各地的要素结构在全球安置产品价值链各个功能环节的策略构成了产业国际化的微观动力。本节着重研究信息技术产品的网络属性与创新动力,为后文描述该产业国际竞争形态作一个铺垫。

一、信息技术产品的网络属性

首先,信息技术产品具备"天然"的网络化特征。以电脑为典型代表的信息技术产品在生产和产品应用中遵循网络及其节点衍生的基本原则,这一网络及其衍生功能的持续扩展是产品实现赢利的内在要求。无论是电脑还是电信产品,其推向市场的过程往往是先由一个核心主干产品开始,开发以此为平台的各类附属设备和应用软件,构成网络形态的产品组合,并在此基础上进行外延功能的开发,构成新产品,推向市场,扩展整个产品线的容量。这一过程不断发展逐渐形成如同树形结构的产品体系,主干部分随着技术生命周期的更替而进行升级换代,并由此持续开发各类后续及关联产品,推动新一轮的产业发展。20 世纪 90 年代以来,信息技术产业以因特网的产业化以及网络与电信产业的融合为增长点,衍生出一系列新兴行业,成为各国普遍的新兴产业群,由此引发"范围经济"效应。

在产业网络化进程持续推进的背景下,为了保证产品线的持续发展,需要主干和关联产品之间技术标准的一致性,因此,在主干和外延产品上设定并维持统一的技术标准,关系到企业长期利益。在现实世界中,美国和欧洲成为计算机硬件行业主要的技术标准制定者,从最初的伊曼纽尔的计算机五大构成的设想、汇编语言的设定、标准代码 ASCII 的确立,直到目前的全面采用由软件安装识别硬件的技术标准等一系列基本标准或制式都是由美国厂商或政府部门首先提出来的。随着产品国际贸易和国际生产的推进,客观上需要技术主导企业向价值链下游的各类企业开放标准。产品技术标准的覆盖面也与用户数量相辅相成。当信息产品的用户数量发展到一定规模时,该产品的标准将成为该产业的标准,那么今后该产品的发展必将获得更大的发展空间。因此,信息技术产业在生产规模上的扩大,客观上要求一个能够保证各环节生产商方便且低成本地获取各类标准的制度环境。

其次,信息产品的另一个微观特征表现为产业内合作企业之间的信息共享,这是基于产品功能外部性的一个特征。信息技术产品的外部性包含用户外部性和厂商的外部性。前者表现在用户之间为了共享信息,而安装可以兼容其他用户信息的硬件、软件或其他设备,导致用户对于产品的购买和使用将不仅考虑对其自身的效用,还需要考虑其他可能与其共享信息的用户的效用;而厂商的外部性则表现在电脑生产厂商在生产中对产品与其兼容性关联产品的趋同性。在这个规律的作用下,厂商力图在行业内建立共同的产品技术架构,以便开发彼此通用的衍生产品和后续升级。所以,生产所需的专业技术信息包含着强烈的共享要求,产品核心技术的拥有者倾向于将特定的专有技术转让给竞争者,从而实现开拓更大市场和升级换代过程更加便利。这一举措看似有损于技术转让方,其实对双方都是有利的。这个规律与上述技术标准的统一与开放形态都属于产业竞争者之间的技术共享,构成该产业网络化形态的一大特征,深刻改变着产业内的竞争关系。在国际化生产的条件下,为了实现专有信息的充分获得,相关国家也积极致力于在关税政策和产业政策上采取有助于技术国际流动的措施,构成信息技术产业内满足国际化要求的制度保障。

二、信息技术产业开放式创新的发展特征

由于信息技术产品具备网络化发展和外部性特征,其创新进程也相应呈现开放性特点,在技术链的主干技术发展路径中与诸多渗透技术相结合,从而扩展产业创新的范畴。此外,在创新模式上,创新要素的获取和主体参与都不再局限于单个企业,而是呈现多元主体广泛合作的态势。

首先,创新活动更多地以多技术领域研发活动高度交织为动力,形成创新技术链的"跨界"趋势,同一技术领域在创新产品和创新服务方式上也趋于多元化。企业不再拘泥于原有的核心技术优势推动技术创新,而是积极借助外部资源规划开放式创新进程。这个创新模式本身的"创新"帮助企业实现在技术链上的跨越,拓展整体的技术宽度,在主导产品创新项目之外开拓补充性的或者衍生性的创新工程。在信息技术产业内,这个创新模式得到了充分的体现,企业自身和各类外部机

构等多元主体参与的合作创新成为产业创新的发展方向,领先型企业的新技术开发建立在研究开发资源的充分流动和集成开发的基础上,各类跨国虚拟研究中心、虚拟实验室等研发方式发展活跃,不仅改变了传统科技的开发方式,也极大地推动了行业内全球研究网络的深入发展以及科研资源的高效配置,有助于全球信息技术领域内的新知识、新技术和新创新成果的诞生、流动和产业化进程。

在芯片产品等信息技术前沿设备领域,创新模式的主体不仅仅包括行业内上下游企业,还包括竞争对手。而在创新模式上,除了企业内部原始创新、二次创新和集成创新之外,同行内技术能力相当的企业之间开展联合创新与研发外包的势头非常迅猛。除了英特尔公司和德州仪器公司等少数几家企业可以独立生产 65 纳米以下的产品之外,大多数企业越来越倾向于走联合开发的道路。目前,英飞凌、飞利浦和意法半导体等签订了一项 5 年协议,组成 Grolles2 联盟,重点就 65 纳米以下 CMOS 工艺技术的开发展开合作。另外,IBM 和 AMD 公司在 65 纳米应变硅制造工艺领域也积极开展合作,并同时与英飞凌、特许半导体和三星电子等跨国大企业共同开发 45 纳米芯片制造技术。其他类似的联盟还有以富士通、NEC 电子、瑞萨、东芝公司为核心的日本 11 家主要半导体厂商组成的半导体前沿技术研发协会(SELETE)以及中国台湾台积电、飞利浦与 ST 微电子企业之间的创新合作项目①。

其次,企业广泛利用专业科研机构的科研资源深化创新,在研发路径上呈现纵横交错的创新路径,包含纵向上的创新分工深化以及横向上的技术优势拓宽,形成"双向"路径的开放式创新。英特尔公司是这个创新模式的典型代表。该企业将本领域专业研究机构的创新资源与本公司的要素整合为"英特尔实验室",经过多年探索已经形成一个研发"品牌",这类实验室以英特尔公司与遍及全球的大学之间的研究合作和产品开发为载体,一般规模 40 人左右,其中企业 20 人,大学 20 人,参与实验室研究工作的大学教授可以休职 2~3 年进行专职研究。目前比较活跃的"英特尔实验室"包括设在美国伯克利大学、英国剑桥大学的实验室,在中国比较成功的实验室是英特尔与清华大学的实验室。这个研发合作体打破了创新体系内多元主体之间国别差异引致的障碍,优势互补,通过人才流动和跨机构组织研发团队推动了与市场需求的结合,形成了新的科技成果转化模式。目前英特尔公司已将 400 多项研究项目分散在了全世界一些大学和研究机构。对一些有市场潜力的

---

① 　上海科学技术情报研究所、上海市经济委员会编:《2007 年世界制造业重点行业动态报告》,上海科学技术文献出版社 2007 年版,第 26 页。

项目,英特尔会在当地建立针对性的小型实验室,在设立全球实验室的同时,英特尔还在世界各地设立了"创投基金",捕捉当地的一些有市场应用前景的创意进行企业孵化。

开放式创新另一个重要的实现手段是从企业内部寻求各类创意来源。由于企业内部的专家和市场销售人员往往更敏锐地发现某些创新的不可行,及时淘汰这些项目,找到这类没有前途的项目,让它们在早期被淘汰本身就是这个创新模式的成功之处。企业大力鼓励员工从工作中发现创新点子,如同播撒创新种子,英特尔将选出其中好的项目,转移到英特尔实验室,进一步深入研究,推动项目的商业化开发过程。

另一个推动开放式创新的典型企业是惠普(HP)公司。该公司与中国高校积极开展合作创新,与清华大学在北京成立了联合实验室——"清华大学—HP多媒体联合实验室",该联合实验室达到了多媒体技术领域的国际一流研发水平。惠普为联合实验室投入研发资金以及先进的研发管理流程,清华大学则以国际级的多媒体技术领域科研团队为主要投入。近年来,惠普公司已经在中国相继成立了惠普中国实验室(HP LabsChina)、惠普全球软件服务中心(中国)(GDCC)、惠普(中国)设计中心(CDC)和惠普信息技术研发(上海)有限公司等研发机构,研发领域涉及实验室、各业务集团的产品,以及面向全球市场的软件和解决方案。2005年11月成立的惠普中国实验室是惠普在全球的第六家实验室,成立以来,惠普中国实验室根据中国市场用户基础庞大、需求复杂、注重实效等特点,以"先进信息管理"为核心,充分利用当地研发资源开展项目研究。在联合研发过程中,惠普为中国大学和科研机构带来了全球领先的技术、资金和先进的管理经验,为后者建立起一整套与高水平研发相适应的现代管理机制提供了帮助,同时跨国公司创新组织模式带来的外溢效应对促进本地科研管理人才培养也是有利因素,对推动中国本土的研发水平发挥了积极作用。

三、信息技术产业的集群形态

伴随着专业化分工的日趋加深,信息技术产业在产业组织形态上以上下游企业集聚构成的产业集群日趋鲜明,无论是关键零部件设备制造,还是信息服务行业都有活跃的集群现象,在IT设备制造行业内集成电路产业较典型,已形成从设计、制造、封装、测试、整机等功能环节的高度专业化,这些高度专业化分工的企业集聚在特定地理区位上,带来交易成本下降和信息沟通便捷的优势,成为产业组织的主流形态。

在实践中,园区和出口加工区是产业集群的主要载体,成为当地企业提升竞争力的重要条件。以中国台湾地区为例,作为全球最大的芯片代工企业,2007年台湾芯片代工企业的营业额占了全球的68.1%,封装占到全球的47.6%,测试业务占到全球的67.7%,DRAM营业额占全球的2.4%[①]。这样庞大的制造能力主要集中于两个工业园——新竹工业园和台南工业园。两个工业园共集中了21条200毫米生产线和15条300毫米生产线,对于上游的设备和材料企业而言,只需建设一套产品服务网络就可以满足这36条生产线的需求,大大提高了生产效率[②]。在印度软件和IT服务产业,班加罗尔软件技术园汇集了印度1/4的软件企业,园区的软件出口占印度全国出口的将近一半。通过在特定园区内实施特殊产业和其他配套设施的政府投资,大力推动产业发展在要素集中上的优势,产业集群给当地产业带来成本下降,生产关联更便利,以及信息与知识流动更通畅的积极影响,同时通过品牌效应提升了当地产业的市场信誉。中国台湾和印度的园区都体现了高附加值的价值链功能在拥有特定生产要素的空间区位集聚。此外,这些园区内部对于产业技术研发及其产业化都给予专项资金和基础设施的支持,使该区域成为汇聚价值链特定工序所需综合优势的“高地”,由此,跨国公司及其国外子公司在资本高度流动的大背景下仍依赖产业集聚的路径培育竞争优势。

[①]　上海市经济委员会、上海科学技术情报研究所编:《2008年世界制造业重点行业发展动态》,上海科学技术文献出版社2008年版,第74页。

[②]　同①。

第二章

信息技术产业国际化的理论
基础：国内外研究现状

本章从高技术产业创新理论、当代国际分工形态和开放条件下后进国家技术进步理论三个理论视角对信息技术产业国际化的机理做理论探索。高技术产业创新理论是以信息技术产业的创新特征解释该产业内在的扩张规律；而当代国际分工理论则从分工形态的演变解释信息技术产业国际分工格局的研究脉络；开放条件下后进国家技术进步理论则有助于我们理解发展中国家在参与产业国际化进程中实现技术学习和产业升级的路径，是我们解释以东亚发展中经济体为代表的发展中国家提升信息技术产业国际竞争力的主要理论基点。

第一节　高技术产业发展规律的分析视角

信息技术产业作为信息生成、采集、传递、处理、存储、流通及服务直接相关的产业的总称，是一个产业群，其中属于制造部门的主体是电子信息产业、计算机产业、通信设备产业和半导体产业。这个产业群是 20 世纪 60 年代以信息技术突破为代表的科技革命的产业成果，是当代信息经济形态的支柱业。作为高技术产业的主要代表，该产业的形成与高技术产业内在的创新动力机制是密不可分的，对该产业创新进程发展规律的考察是我们认识信息技术产业国际化的重要线索，因此，我们首先要从高技术产业创新理论来解释信息技术产业的形成与国际化进程。

一、源于技术创新的高技术产业形成机制

信息技术产业作为高技术产业化的典型产业部门，遵循着高技术产业形成发展特有的规律，因此，高技术产业的形成理论是解释信息技术产业国际化的重要理论

视角。英国学者 Freeman 为首的研究团队就高新技术产业基于创新和扩散的发展路径作了研究。他们提出，一项技术创新可以影响到几个产业，其影响具有波动性，一个基本创新和一组小创新为许多产业提供变革的机会，在一个或少数几个企业独立完成创新后，通过熊彼特理论下的"成集"过程，形成规模化的经营，进一步经由过程创新和生产率提高使产业进一步得到巩固。虽然创新发起企业希望完全控制垄断利润，但是实际上创新的外部性使得企业无法控制，随着技术扩散，垄断利润逐步下降，产业也进入稳定期，产业内出现大量跟随者。之后，当技术扩散持续发生，市场也趋于饱和，市场利润逐步消失，创新的扩散趋势也基本停滞，产业内新一轮创新开始孕育。这个"创新—扩散—创新"的过程构建了产业，也形成了经济周期。这个规律在网络技术形成之前的电子技术产品的发展过程中得到了充分的体现。

在上述产业发展周期中企业要为了获得预期的利益，面临"创新—扩散"的矛盾，企业势必转而谋求降低创新投入，于是逐步构建起分工创新的模式，在这个创新模式下，各个有创新能力的企业都致力于技术创新，但是彼此之间的创新成果乃是在整个产业扩张和效率提高所需要的技术"篮子"中的一部分。从整个产业看，企业之间是以相互协作的形态推动产业创新，这样既避免扩散趋势带来的"损失"，也避免单个企业过高的控制成本。在这个过程中，企业不是刻意控制外溢效应，而是通过制度创新将外溢效应内部化，不仅没有损失而且还获得了新的利润空间。分工创新在计算机产业中有鲜明的表现——个人电脑技术的创新与软件操作系统创新分别由 IBM 和微软公司完成，两者创新成果的结合完成了计算机产业的真正产业化，而且两者创新进程的融合也最大限度地发挥了产品效用。

从产业自身的演化角度看，分工创新也有助于高技术产业内部产业的衍生。当创新的分工依托企业群的组织形态，有助于一个产业边界的外延，就能有力地推动现有产业的架构下外衍出新产业，形成新兴产业。对整个产业而言，这个创新模式能够很好地降低单个企业的创新投入和潜在的风险，因而能够激励小企业参与创新，这就成为新产业后续的创新来源。因此，一方面，分工创新克服了创新扩散难题的内在矛盾；另一方面也有利于创新者的外溢效应转化为新产业的实际动力，从而引领更多小企业的创新进程，通过若干子产业的发展助推全局性升级，推动产业整体性升级和扩张。这个创新模式下的产业发展过程相比原先技术自然扩散的路径更有利于市场扩张战略的实现。这不仅可以适应一个企业单独或者以行业领导者身份进行行动，还能经由局部突破而推动产业整体升级（张耀辉，2002）。不仅如此，美国信息产业大发展的 10 年间，产业内分工创新导致一批核心（种子）企业的扩张和子产业的兴起，就是在这个产业机制下实现良性循环的成果。其中，代表性的企业主要是 IBM、微软和英特尔公司，这些企业有独立创新的能力，同时也在分工创新体系中担当助推产业整体升级的核心角色。

二、基于技术外部性的"共荣"式发展理论

这个规律进一步导致行业内的垄断者对竞争者持欢迎态度。领先型企业具有很强的外在性，当微软公司推出了 Windows 操作系统之后，就将其操作系统"视窗"的全部技术标准公布出来，邀请其他软件公司共同开发针对该操作系统的应用软件，微软不仅不担心其他竞争者占据市场份额，相反还向这些公司提供技术支持，因此"视窗"系统在很短的时间内就有了大量应用软件的支持，迅速获得大批用户。这个技术外部性属性进一步强化了相关企业在技术标准上的主导地位，进而影响市场上的其他竞争者，这些竞争者会转而采用该技术标准，客观上导致该技术的应用面进一步扩大。不仅如此，技术外部性导致的产业的开放性也促成研发活动的多主体参与趋势。由于厂商开发新产品的成本通常很高，只有当其确信所开发的新产品具有一定的市场前景时，才会投入高额经费，在某一产品市场份额逐步扩大过程中，会有其他相关行业开发扩大该产品功能的新技术，这就进一步推动市场份额扩大，极大地推动了产业链的延展。在信息技术产业中可以看到，一个关键技术领域的突破往往会激励其他子产业企业参与到后续创新活动中，后者的创新开发属于自发性活动，最终的结果是因为整个行业的繁荣而形成每个子产业对应的市场需求也相应提高，构成彼此之间"共荣"趋势。例如，微软推出 Windows 操作系统之后，即有厂商 Adobe 推出针对这一操作系统的 Photoshop 图像编辑软件，随后日本的 Casio 公司就推出了支持这一格式的数码照相机，技术上的开发使得相关产业的创新附加在核心产品功能上，彼此为扩大市场带来积极效应。

由此可见，信息技术产品的创新动力和产品功能的外衍性使得产业发展过程中内含强烈的技术外溢性，技术持有者具有向外传播技术的内在激励，该特点不仅体现在产业国内市场的发展道路上，也同样体现在跨国界的发展路径上，构成产品的全球外在性(Global Externality)。发达国家技术原创一方的企业往往愿意向来自发展中国家的竞争者转让技术或者提供技术支持与特殊技术使用等，但是规定只能在本国使用，使得发展中国家在短时期内提高了技术水平。例如，美国的 SUN 系统公司在许多发展中国家设立技术支持中心免费提供技术指导，这个过程实际上是培育了用户，推广了技术标准，进一步提高自身的竞争地位，从这个意义上看，竞争者实际上起到了帮助作用(范里安，1994)。而对发展中国家而言，通过消费市场上的接轨，能够在产品技术层面上较快地缩短与发达国家的差距，对生产

构成了一定的"示范效应",成为技术外溢的重要组成部分,因此对双方产业发展都带来积极效应。

由此可见,信息技术产业的形成和发展机制与其自身的创新和技术流动特征有密切关系,跨国企业分支机构乃至竞争者共同参与的创新活动使得产业的发展建立在相互合作和分享的基础上。相比传统产业你死我活的竞争模式以及垄断带来持续高额利润的形态,该产业的竞争模式体现出合作中的竞争特征。这个特性是笔者研究产业国际化发展路径以及企业之间合作机制的出发点。发展中国家作为总体上技术后进的国家,已经呈现出参与局部创新的态势,这是基于当地要素特征而成形的,而创新本身也推动发展中国家构建动态竞争优势。

第二节　国际分工理论的分析视角

信息技术产业国际化作为集中体现经济全球化特征的产业,其本质驱动力是贸易和投资壁垒的消除以及产业技术创新周期规律内在的市场扩张要求。这一进程与当代经济全球化发展进程的内在动因是高度一致的。因此,我们通过梳理当代国际分工最新发展形态的理论阐述可以对信息技术产业国际化的动因与发展趋势作比较全面的解读。

一、产品内国际分工的理论视角

信息技术产业的国际化生产已经超越 20 世纪电子产业产品生命周期理论所预示的产业在不同要素禀赋国家之间次第转移的规律,表现为不同类型国家同时融入产业链中的不同环节。从当代国际分工理论看,产品垂直专业化在价值链跨国分离方式下,多个国家同时进行价值链不同功能环节的活动,从而完成产品的整个生产过程,因而在本质上体现产品内分工的内核。

首先,信息技术产业多元化要素的密集特征决定了无论是发达国家还是发展中国家都具备参与专业化分工的条件,产业价值链在全球范围基于各个区段的要素特征而实现专业分工布局。从信息技术产品的形成过程看,作为技术原创国的发达国家母公司集中了标准制定和核心技术研发以及向海外分销的主动权,公司根据海外区位(经济体)的要素特征,安排各类部件的生产与组装活动并设立品牌代理分销网络。这个国际化生产和经营安排构成了生产要素在全球的最佳配置,对于跨国公司母国而言,实现了综合效益的最大化。这个形态映射到产业国际分工,可以通过如下概念加以概括：例如全球生产网络(Global Production Network) (Ernst & Kim, 2002)、垂直专业化(Vertical Specialization)、产品内分工(Intra-product Specialization),以及国际生产和销售网络(International Production and Distribution Networks)(Ando & Kimuro, 2004)等。这些提法和界定都是基于克鲁格曼于 20 世纪 70 年代提出的产业内分工理论及其派生理论。而从国际价值链的角度看,我们可以用"价值链分割"(Slicing the Value Chain)(Krugman, 1995),生产的非本地化(Delocalization)(Leamer, 1996)来进行描述。从跨国公司主体的行为结果看,产业国际化表现为集合了跨国公司海外各东道国的子公司、作为供应商与分包商的当地企业以及非跨国公司系统的其他公司结合构成的跨国生产网络。

　　其次,产品内国际分工理论也对技术水平高度差异的各类同时参与信息技术产业的生产网络有一定解释力。信息技术产业内部巨大的技术跨度有助于技术后进国家参与国际生产网络。产业内的电子通信设备制造产业是一个技术复杂程度内部差异非常大的行业,从简单电子元件到多功能复合的芯片,在前期研发成本、人力资源要素、性能可扩展性以及升级换代周期等方面都存在巨大差异,对应着产品完成各个环节对于资本和劳动力投入要求的巨大差异,有些生产区段需要高级技术人员而有些则仅仅需要非熟练的劳动力,合理的决策就是对生产过程加以分解,将不同的生产活动安置在能够最大程度实现成本优势的地点;由此引致跨国公司根据全球各地的要素组合状况动态地选择生产地点,发挥各地的"万花筒式的比较优势",推进在全球各地安置生产点的国际化生产策略,体现出生产专业化与要素整合性的统一。

二、基于全球价值链理论的分析

　　全球价值链理论来源于 20 世纪 80 年代管理学研究者提出并随后得到较快发展的价值链理论,其中美国企业管理学家波特教授从单个企业产品形成过程的视角提出产品价值链的概念(Porter, 1985)。波特在分析公司行为和竞争优势的时候,认为公司的价值创造过程主要由基本活动(含生产、营销、运输和售后服务等)和支持性活动(含原材料供应、技术、人力资源和财务等)两部分完成,由于这些环节彼此充分衔接和递进,构成公司价值创造的行为链条,这一链条被称为价值链。不仅公司内部存在价值链,一个公司价值链与其他公司的价值链也是密切相关的,任何公司的价值链都存在于一个由许多价值链组成的价值体系(Value System)中,而且该体系中各价值链之间的联系对公司竞争优势有着至关重要的影响。

　　区别于波特的管理学视角的价值链研究,学者考古特(Kogut)提出的价值链理论更强调影响价值链内部的垂直分离和相应的企业经营策略安排。他认为,在产品的价值不断增值的链条上,单个企业或许仅仅参与了某一环节,价值链从起始到完成的过程中完全可能是在多个企业中进行的(Kogut,1985)。他还指出相关企业可能来自不同的国家,基于国家竞争优势的差异而构成的价值链各个功能安置在不同国家的结果,而企业在价值链上的定位取决于企业为充分发挥和确保自身竞争优势而选择的环节,因此他的理论更能反映价值链的垂直分离和全球空间再配置之间的关系,可以看作是全球价值链理论的一个开端。以他的价值链理论为发端,我们对价值链理论所指导的产业发展过程的概括是:在产业的生产/分销网络中,跨国的市场交易则是在产业内部(产品内部)价值链各个环节之间进行的,依托企业之间的契约关系实现了原先在一个企业内部形成的从原料、中间品投入到产出成品以及后续服务的整个增值链条。相应的合理决策是对生产过程加以分解,使价值链内各个功能区段安置在使之有成本优势的地点,实现最终附加值的最大化。

到了 20 世纪 90 年代,以格里菲(Gereffi)为代表的一批学者将价值链的概念与产业的全球组织形态相联系,从而提出了全球商品链(Global Commodity Chain,GCC)的概念(Gereffi etc.,1994)。这个研究是结合价值链、商品链和"投入—产出"结构三条主线对产业转移与国际分工的一个解释,并从投入—产出结构、地域性和治理结构三个视角加以展开。投入—产出结构强调是价值增值活动的序列串联起来构成价值链;而地域性视角的研究则强调价值链各个环节超越国家界限、分散到世界不同国家或者地区,形成全球生产体系;而治理结构视角的研究则强调价值链是将各个环节组成特定功能的产业组织,治理者发挥统一组织、协调和控制的作用。由此可见,这个理论很好地帮助我们解读产业国际化生产和经营的微观机制。信息技术产业的技术特征和国际化形态决定了它是价值链各个功能环节实现全球化安置的典型产业。根据价值链的特点,该产业的生产和经营国际化的特征具体可以归纳为三个方面:第一,最终产品经过两个或者两个以上连续阶段的生产;第二,两个或者两个以上的国家参与生产过程并在不同阶段实现价值增值;第三,至少一个国家在其生产过程中使用进口投入品,由此得到的产出除用于国内消费与投资外,还有一部分用于出口(Hummerl Rapoport & Yi,1998)。

目前全球价值链研究中很重要的一个方面是价值链的驱动模式,这也是认识信息技术产业跨国生产动因的一个视角。早期的研究提出价值链驱动的"二元论",即购买者驱动和生产者驱动两种驱动模式(Kaplinsky,2000;Gereffi & Kaplinsky,2001)。购买者驱动是行业内的竞争主导地位来自强大的品牌优势和发达的销售网络,业内的领先企业通过全球采购和 OEM(Original Equipment Manufacuturing)生产模式组织起跨国商品流通网络,引导着市场需求的动向。最典型的行业是消费品行业,在这些行业内,成熟的大零售商和品牌商是推动链条的核心主体,也占有价值链增值比重最大的环节,相关企业相比其他环节企业拥有更高的利润水平。而生产者驱动则意味着由生产者为主导的价值链,生产者投资是引导市场需求的主要动力,由此形成本地生产供应链的垂直分工体系。在这个驱动模式下的全球价值链中,行业生产的进入壁垒很高,领先的公司通常是国际寡头,它们拥有技术优势,在协调生产网络(包括前向与后向联系)中居于中心地位,向前控制原材料和配件供应商,向后与分销零售商密切联系。这种价值链驱动模式在汽车、飞机、计算机、半导体及重型机械等资本技术密集行业中很典型。因此,从总体特征来看,信息技术产业属于生产者驱动的价值链,创新产品的技术开发者和首创者的投资行为主导着行业发展,行业内的领先企业大多是掌握最新技术和技术标准的企业。

而价值链的垂直分离落实到具体的组织形态,是体现为生产过程跨越国界的分割,克鲁格曼(Krugman)曾经探讨企业将内部各个价值环节在不同地理空间进行配置的能力问题。在他的研究基础上,学者阿尔恩特(Arndt)和科尔兹考斯基(Kierzkowski)使用"片断化"(Fragmentation)来描述生产过程在不同国家之间的分割,即"把生产过程分离开来并散布到不同空间区位"(Arndt & Kierzkowski,1990),由于分属不同国家的交易主体在价值链各个区段所需的要素结构存在差异,因此在企业跨国的生产/分销网络中,国际交易是在产业内(产品内部)价值链各个区段之间进行的,依托企业之间的契约关系实现了原先在一个企业内部形成的从中间品投入到产出的增值链条。随着生产工序专业化程度的提高,发达国家越来越多地将一些非核心的生产和服务业务从自身企业内分离出去,通过契约式生产和采购方式来进行,使得发展中国家有了融入全球价值链的机会。这一理论很好地解释了东亚电子产品制造业的生产过程从产品上游到下游的价值链国际化安置形态。

三、基于国际化生产组织形态——跨国直接投资与外包的比较

当代国际生产体系的发展落实到跨国公司经营策略与行为,体现为企业区位选择、所有权安排以及国际市场的交易形态这三个维度的要素,三个维度之间相互作用、互为因果,构成产业国际化进程的微观机制(金芳,2006)。其中所有权安排的选择是分析产业国际化离岸生产组织方式的重要视角,最常见的是以在海外直接投资为动力的分支公司以及长期合作的供应商或者关联企业。前者在实践中体

现为跨国公司采取股权控制方式在东道国当地建立全资控股或者控股企业;后者以非股权为纽带被纳入跨国公司主导的跨国生产体系内,体现为以基于长期的委托代理关系的中间品或者最终产品的供应和加工企业,这是跨国公司以非股权为纽带的国际生产体系的重要实现路径。在实践中这种生产组织方式基本上是发展中国家企业承接跨国公司的离岸外包,相关企业成为跨国公司品牌商的零部件供应商或者贴牌生产商。

离岸(国际)外包区别于跨国公司通过直接投资以股权纽带组织起来的国际化生产经营。国际外包基于市场契约手段,以更为灵活的机制组织国际化生产经营,属于国际生产网络内部非股权纽带的国际化生产方式。跨国直接投资与离岸外包在跨国公司生产组织形态上的区别,进一步反映在跨国企业全球化经营的所有权属性上。所有权属性描述的是企业从全资控股到非股权纽带的多种所有权安排,代表了在国际化生产情况下跨国企业对相关生产(服务)区段通过产权加以控制的程度。国际直接投资属于以股权纽带实现的所有权属性,以跨国企业控制所有权为根本目的。而国际外包则是以非股权方式实现的国际生产安排,这个安排在大多数情况下体现为价值链内部垂直型的分工安排,由于承担不同环节的主体之间没有所有权纽带,也称为垂直非一体化的国际化安排。从主导企业对价值链的控制强度看,以所有权纽带实现的控制强度更大,发达国家跨国企业母公司一般在价值链高端,即产品的研发环节采用这个所有权安排,而在价值链低端,即组装和加工环节则更多地应用国际外包模式。在跨国公司国际化经营策略的组织安排上,直接投资组建海外企业以及跨国外包都构成"片断化"产业国际转移形态。两者在国际化生产各方面特征上的差异如表2-1所示。

表2-1　　国际化生产的两种微观模式:国际外包与跨国直接投资的区别

	国 际 外 包	跨国直接投资
中间品和最终产品的提供方式	通过跨国的市场合约方式实现相关生产转移	同属于跨国公司不同国家企业之间的内部交易实现相关生产的转移
需求方与供应方的关联纽带	双方签订长期供货合约,以非股权联系为纽带	在东道国新建或者并购当地企业,双方有股权纽带
交易决策内容的影响因素	受供应产品市场结构以及双方谈判地位的影响	更多地受跨国企业整体战略和东道国要素禀赋的影响
在跨国公司国际供应链发展战略中的地位	围绕着特定产品质量和管理标准要求的技术转让、合作开发与人员培训等活动,但是比一般市场交易双方合作更密切和更长久	受到东道国投资战略的技术转移和人力资源开发策略的影响

上述两种国际化生产组织方式之间的差异落实于价值链特定功能的组织形态,本质上是企业内部组织机制与市场交易机制之间的差异。跨国直接投资的组织方式是通过投资建立分支机构(或并购当地企业)把生产活动在具备资本纽带的不同机构(母子公司关系)之间加以转移①。所以,跨国外移的生产仍属于跨国企业(跨国企业集团)内部不同节点之间的内部交易与合作。而国际外包方式则是通过与发展中国家企业之间以委托代理方式把价值链特定功能转移到一个或者若干个外部企业,这个关系接近于一种市场化契约手段,因为合作双方之间的长期性合作,以及围绕着生产的技术转移活动而构成一种"准市场纽带"的组织方式。这两种方式都导致价值链垂直型的专业化分工。前者作为跨国公司基于资本纽带在公司(集团)内部构建垂直专业化分工的组织方式,因此属于垂直一体化形态的国际生产组织方式;而后者则是基于离岸外包纽带通过与发展中国家当地供应商之间的长期合作而实现的垂直专业化分工的组织方式,这个组织方式依托的市场契约,区别于前者垂直一体化的国际生产组织形态,因此可以称为垂直非一体化形态的国际生产组织方式(程新章,2006)②。

从理论上看,跨国公司总是倾向于保持对整个生产链的控制,以保护产权技术和专利。因此,早期跨国公司转移生产活动大多建立在跨国公司以股权方式建立海外分子公司的模式上,以此实现跨国公司母国对产品国际生产的控制。近年来,随着发展中经济体产业发展水平的提高,为应对市场需求多样化和创新周期日趋缩短的竞争态势,跨国公司进行了竞争策略的调整,企业对于生产要素的组织和战略的谋划越来越集中于价值链下相对"狭小"的功能环节,在这个功能"片断"之外的非核心环节,通过离岸外包的方式转移到其他企业,因此,以外包为载体的非股权纽带的国际化生产组织模式越来越活跃。

根据跨国公司战略的实践,影响两种模式选择的最重要的因素是成本的高低,除了微观运作过程中价值链相关环节安置于企业外部实现制造环节成本下降的目标之外,由此引发的交易成本对综合成本的影响也是企业需要考察的一个重要因

---

① 这里的资本纽带是广义的,不仅包括实质上的投资,也包括投资国以物资设备或者无形资产形式作为投入,以长期合约为基础在东道国建立子公司,或者与当地企业建立合资或合作经营企业,跨国企业享有一定比例的股权以及相应的利润分配权。

② 根据前文论述的企业离岸经营模式,发包方企业通过在国外建立自控中心承接服务的模式也属于广义的国际外包,但是属于对外直接投资与国际市场契约的结合。除此以外,还有一种情况是发包企业与承接企业或其他企业共同建立合资公司,承接外包服务业务,也包括股权纽带,因此是"市场"手段与"企业手段"的结合。详细内容见卢锋:《服务外包的经济学分析》,北京大学出版社2006年版,第40页。

素。企业内在不断寻找低成本供应者的动机导致发包企业扩大选择的地理范围，往往引发外包环节和项目的增加，由此又会提高总的交易成本，跨国企业最终在外部化部分环节导致的生产成本下降与交易成本提高之间寻求均衡点。

在信息技术产业发展进程中，离岸外包相比跨国直接投资成为日趋重要的生产组织方式，产业内领先的跨国公司大多专业化于销售网络的巩固与拓展以及围绕品牌发展的战略部署和产业前沿技术的开发，几乎向海外转移了所有的生产环节。在电子信息技术产品领域，根据跨国公司的设计完成所有生产工序的贴牌生产企业已经成为东亚新型工业化经济体为主的本地产业承接国际产业转移最重要的方式。以这类经济体为引领者的发展中国家承接零部件生产与产品组装的离岸外包，是20世纪八九十年代东亚地区电子信息产业成长的主要国际化路径。

四、跨国外包策略的经济学内涵

上述两种跨国生产组织方式，体现了价值链跨国的生产分离在股权纽带与非股权纽带两种关联方式之间进行选择。在现实中，两种生产组织方式往往同时出现于跨国公司的国际化战略下，在特定发展阶段下偏重于某一组织方式，这取决于跨国公司在特定时期将相关生产工序在价值链核心环节与非核心环节之间作安排以及东道国市场与投资环境等因素。

相比外商直接投资方式，国际外包方式在目前信息技术产业领先型跨国企业经营策略中日益受到重视，对应的价值链功能环节基本上集中于零配件生产和组装活动。从企业效率最大化视角看，外包策略的动力来自跨国公司近年来应对国际竞争的"归核化"战略，即跨国企业通过合约方式将非核心环节由其他企业来完成，保证自身集中资源于核心环节。这个模式对于竞争日趋激烈的信息技术产业跨国企业发挥着越来越重要的作用。但是该经营策略与国际直接投资之间也存在交叉，相当一部分外包活动是在跨国企业母国与海外设立的分支机构之间发生的，从国际化经营理论上看，是跨国生产网络内的离岸经营中心模式。

追溯外包理论本源，需要从企业管理理论入手，外包是指大企业或者其他机构把过去企业内部从事（或预期自我从事的）的工作转移给外部其他企业（Michael Corbett，2004），是企业出于成本降低以及风险分散目的对其生产经营作外部化"寻源"的一个方式。外包策略有利于发包企业集中资源于新产品开发和工序革新等核心领域，也对缩短从设计到出货的时间从而应对多变的市场需求带来好处。从宏观层面看，外包战略有助于资源配置的优化和生产效率的提高。而国际外包①是将传统上企业战略管理视角下的外包策略置于企业跨国经营背景下的概念，即企业某种产品（服务）生产过程内部特定工序或流程环节转为由别国（经济体）的企业完成，这个过程使企业内部工序流程由原先的内部协调转变为跨越企业边界的市场交易模式（Arndt & Kierzkowski，2001）。因此，外包的经济学内涵还体现在跨国公司国际经营理论层面上。国际外包开始于发达国家跨国企业组织国际化供应链的实践，在企业国际化战略实务中的内涵是"雇请一个外部公司在另外一个国家执行商业功能，提供外部服务业务"。外包战略并未切断企业的价值链，是通过外部化的模式继续维持价值链。从这个意义上看，国际外包是企业价值链通过安置于全球不同区位而得以维持并实现效率的改善。

国际外包作为跨国企业一项经营策略，其优点表现在以下几个方面：首先，发包方（跨国公司）借助外包策略调整企业的资源管理，提升企业的综合效率，为企业生产率提高以及长期内提升竞争力带来积极影响（卢锋，2006）。其次，通过外包策略实现中间品的外部化生产对于国际分工格局的直接效应是垂直型分工的加深（Grossman & Helpman，2002）。跨国公司在更广的地域范围内就非核心环节采取"市场化"方式，最终导致原先企业边界内的分工合作协调关系转变为跨越企业边界以国际市场网络为载体的从中间品投入到最终产出的价值完成（金芳，2006）。其国际贸易效应表现为中间品贸易的大量增加，价值链下各个参与主体的国际贸易格局都包括从别国进口用作中间投入品的贸易，尤其是对发展中国家而言，出口产品的附加值不能简单地通过该产品在国际市场的获益程度来考量，而是需要考虑进口的各类中间投入品的价值。从事最终产品生产的经济体高度依赖进口各类中间投入品，在当地的组装活动所带来的利益实际并不大。再次，国际外包的微观机制投射到企业价值链上，表现为生产系统的投入产出价值增值关系在组织结构和空间分布上扩展为全球范围内组织中间投入品的供应链，有助于跨国企业主导的国际生产网络（Global Production Network）实现资源的优化配置（Ando & Kimuro，2004）。

直接投资模式对于企业竞争战略而言具有显著的长期性和稳定性，而外包则具备先期投入少、灵活性大和风险较小的特点，在电子通信和计算机制造业等工序

---

①　在现有文献中，另一个相近提法是离岸外包（Offshore Outsourcing），离岸外包是相对于在岸外包（Onshore Outsourcing）的一个概念。在岸外包指的是发包方与承包方是同属特定国家企业，如果服务发包方与承包方分属不同国家企业，对发包方而言就是"离岸外包"。该提法是从发包方角度对外包形态的一个描述。而国际外包则是相对于国内外包形态而言的一个提法，强调在不同国家企业间进行的外包类型，相对淡化发包与接包方的视角。本文考虑到论述国际外包总体效应的需要，使用国际外包的提法。参见卢锋：《我国承接国际服务外包问题研究》，《经济研究》2007年第9期。

"可分性"比较强的产业领域发展活跃。通过投资与外包两个纽带组织起来的国际化生产经营活动将全球供应商、分包商与跨国公司海外投资企业以及非跨国公司系统内其他关联企业连接起来,成为当前共同组合成符合生产要素配置效率原则的跨国生产网络。

结合信息技术产业的技术发展动向分析该产业内的外包活动,由于信息技术的持续创新对于信息传播成本降低的积极意义,客观上构成推动外包发展的有利外部条件。当前,信息技术产品制造跨国外包面临的积极条件可以概括为:一方面,产业技术创新带来的生产可分性提高,有助于跨国公司通过外部化方式实现全球筹供;另一方面,通信成本总体呈下降趋势,以半导体芯片为代表的核心组件趋于轻巧化,导致中间产品运输成本的持续下降,有利于企业外包策略引致的综合成本降低。因此,外包纽带的生产国际化在产业整体技术创新突破的前提下获得进一步的支持。

第三节　产业国际化进程中发展中国家技术进步的分析视角

由于发展中国家总体上是信息技术革命的跟随者,信息技术产业自身的技术和生产基础都比较薄弱,但是随着收入的提高与国民经济信息化进程的发展,发展中国家越来越深地被卷入到信息技术产业的国际化发展网络中。可以说,过去的十年中,发展中国家信息技术产业的发展伴随着产业利用外商直接投资的不断深化。由于产业技术成果的日新月异和产品生命周期的日趋缩短,包括中国在内的后发经济体都享受到后发优势,在较短时间内以很低的成本直接掌握了大量成熟的技术与设备。自 20 世纪 80 年代初以来,发达国家加快了向发展中国家的国际投资和产业国际转移的步伐,中国信息技术产业获得了大量的投资和技术转移,中国信息产业的规模迅速扩大。近些年来,随着本地中国市场容量的急剧扩张,以及劳动力知识水平的提高,外商直接投资企业与当地企业之间的技术关联日益紧密,在跨国公司本土化战略的推动下,当地生产要素与跨国公司技术优势以及全球市场渠道的优势充分结合,提高了产业整体竞争水平。与此同时,制造能力的提高、出口渠道的拓宽、企业管理理念转型等各种"软性"产业发展要素也在这个过程中日益强化。

一、开放经济条件下发展中国家技术进步的理论

有关开放经济条件下技术进步的命题最早出现于 20 世纪 60 年代的新经济增长理论，在此之后，发展经济学有关发展中国家利用外资的理论以及跨国公司理论都涉及后进国家利用外资与缩小技术差距之间的关系。然而，在当代产业国际化为动力的新型国际分工形态下，发展中国家获得技术进步效应的路径和形态也呈现新的特征。根据第一章对信息技术产业国际化形态特征的描述，笔者重点关注当代跨国生产网络形态所引发的跨国技术转移以及基于技术外部性的技术外溢效应分析。

信息技术产业作为典型的知识密集型以及具备高度网络化形态的产业，需要我们从两个视角理解发展中国家在开放进程下所获得的技术进步：一个视角是跨国公司主导的跨国生产网络下伴随着投资行为的技术转移，主要关注跨国企业垂直型 FDI 战略对其与发展中东道国之间技术差距的影响；另一个视角是技术后进国家通过国际生产网络的技术学习的路径，关注各类国际化生产方式对后进国家技术提升的间接影响。

1. 跨国生产网络下发达国家向发展中国家的技术转移

有大量研究分析了外商直接投资（FDI）和以外包为载体的非股权纽带下的国际化生产模式对发展中国家本土企业技术成长的影响，可以分解为东道国子公司技术转让，跨国公司投资东道国的研发中心活动，跨国公司子公司在当地生产和经营过程中的技术外溢，以及当地企业开放型技术创新活动，等等。

上述问题的研究视角广泛，主要涉及技术转移的主客方、实现路径和效应，不仅有国家层面的宏观研究，也有针对企业微观层面的理论和实证研究。已有的研究成果以及主要观点可以归纳如下：国际技术转移的渠道，主要包括三个方面：第一种渠道是商品贸易。进口商品一般都包含了该产品设计、技术方面的信息，东道国通过对进口商品的研究模仿获得有关技术信息（Grossman & Helpman，1991）。这个技术转移渠道往往是隐含的。第二种渠道是 FDI，即跨国公司在东道国设立合资或者独资企业，在合资企业经营战略下通过跨国公司集团内部的技术转移来推动发展中东道国企业提高技术水平和生产效率。第三个渠道则是技术特许交易，但目前大部分技术许可的交易是在没有资本纽带的企业之间发生的，主要是跨国公司与东道国子公司之外的企业签订合同，把技术许可转让给后者（Eaton and Kortum，1998）。第二种渠道，即发展中国家在 FDI 条件下获得技术转移的效应与路径是目前开放经济条件下发展中国家产业升级问题研究的主要对象。也有

学者将上述三个渠道综合起来,通过构建一个包含 FDI、技术特许和出口贸易三种策略的模型(万伦来、熊红轶,2007),研究发展中东道国的开放路径和策略如何影响跨国公司向其进行技术转移,指出东道国知识产权保护水平、南方国家的自主创新能力、相对工资和产业类型差异都对跨国公司技术转移策略选择产生显著的影响。分析结果表明,对于东道国而言,提供适度有效的知识产权保护政策,以及提高本国的自主创新能力可以吸引更多的跨国公司通过 FDI 向其东道国子公司进行技术转移,而且在相同的知识产权保护水平下,属于不同产业部门的跨国公司对知识产权保护力度的反应是有显著差异的。

2. 跨国企业对东道国的技术外溢效应研究

对发展中国家在信息技术产业开放条件下技术进步效应的第二个研究视角,集中体现为技术外溢效应问题的研究。技术外溢效应的本质是知识外溢,即未经知识占有方(发达国家企业)的主动转让而被本地企业获得的现象。技术外溢效应在跨国公司国际经营战略层面上体现为跨国公司在发展中东道国的投资企业以及关联企业以非正规接触渠道发生的"隐性"技术转移。区别于"有形"的知识和专有技术流动渠道,外溢效应属于 FDI 策略引发的各类"无形"通道作用于技术后进国家产业升级的一个外部效应,包括:(1)价值链前向与后向联系效应:与本地供应商及销售渠道的联系,传递关于存货控制、质量标准和组织协调方面的知识;(2)人员流动效应:企业培训的员工"跳槽"到当地企业就职,传递了关于外商投资企业的组织、生产、管理和市场渠道等方面的知识,实现"隐性"技术转移;(3)竞争效应(也称为激励效应):进入当地有壁垒的行业,打破原有市场竞争格局,提高产业效率;(4)示范效应:东道国企业通过产品分解、技术模仿、逆转工程(Reverse Engineering)获得外资企业经营合作过程中的各类专业信息和知识(Magnus Blomstrom and Kokko,2001)。

学者们也提出了外溢效应作用于经济增长的机制,其中最重要的是"干中学"和"学习曲线"(Arrow, 1962),相关研究提出知识是投资的副产品,具有外部性的公共产品,在一项新投资下,不仅投资的企业可通过积累生产经验提高生产率,其他厂商也可以通过学习以提高生产率。近 20 年来,诸多研究通过不同的发展中国家国别案例对该问题做了实证考察。一项以墨西哥制造业为案例的研究表明,外资通过技术扩散纽带对发展中东道国本土企业的生产率产生正的溢出效应(Magnus Blomstroem & Hakan Pesson,1983);也有相关的研究对溢出效应提出了质疑。例如,在一项针对委内瑞拉的计量研究中发现 FDI 对当地国有企业的不利影响,短期内外国企业会迫使国有企业缩减生产,降低产量,从而导致生产率的下降(J. J. Aitken and A. E. Harrison,1999)。

目前,针对这个效应的存在及其对经济增长的影响,很多学者作了实证研究。有学者提出在一定的 FDI 存量下,国内外企业间技术缺口越大,潜在溢出效应也就越大;当技术缺口既定时,溢出效应随着 FDI 存量的增加而变大。然而,另一部分学者认为,外资企业与本土企业技术差距较小才有助于技术溢出效应的产生,太大的技术缺口可能会妨碍 FDI 溢出效应的发生,原因在于当技术差距较小时,内资企业具有足够的能力去使用和学习外资企业所采用的技术(Magnus Blomstrom & Sjoeholm,1999)。

FDI 的技术外溢问题与技术转移和技术扩散问题有联系也有差异①,它更强调外资在有形的技术转移之外产生的各类有助于提高东道国生产效率的技术流动形态。技术外溢的本质原因是知识的外部性,作为一个正的影响,是由各类无形知识和信息流动所引起的。由于技术外溢效应发生路径相对不确定,对于效应的考量通常应用经济增长模型来作实证分析。与此同时,溢出效应的研究也关注溢出的各种可能途径以及区分 FDI 投资方与东道国企业在地域、产业和企业类型上的各类差异,探索了 FDI 影响本地技术能力的各种可能途径和相关的影响因素。有研究强调本土企业技术吸收能力的重要性,即东道国企业技术投入以及原有的创新水平是产生显著的技术溢出的重要条件(Anabel Marin & Martin Bell, 2004)。技术吸收方自身的研究开发与技术引进所产生的利益是互补的,只有在自身技术的积累需要达到"门槛水平"的情况下,才能实现 FDI 技术转移向内生技术能力的转化。

还有研究强调了东道国竞争机制对于溢出效应的重要作用(Sjoeholm, 1997)。研究认为,在东道国市场价格机制充分发挥作用的环境里,跨国公司为了保有一定的市场份额,必须不断地把较为先进的技术从母公司转移过来;而随着转移过来的技术被本土企业所效仿,跨国公司面临的竞争进一步加剧;如此反复,使该效应不断强化。研究得到的结论是:东道国市场竞争越白热化,则跨国公司就越倾向于把更多的先进技术移植过来,从而 FDI 的潜在溢出效应也就越大。

因此,FDI 的技术溢出效应已经成为认识发展中国家利用外资实现技术进步

---

① 技术转移主要是在投资和被投资两方之间以合同方式作为框架,因此比较多地受发展中国家(外资接受方)利用外资的政策(产业指导目录)、地方法规、以政策形式表现的激励政策等因素的影响,实现方式包括国际贸易、直接投资或者其他非经济联系。技术溢出则更多地强调没有合同约束的、非主观意愿性的技术扩散,往往是在发达国家企业与本地企业的松散的合作关系,甚至是同行业的竞争关系下构成的。从宽泛的含义看,技术溢出效应也包含来自合同方式确定的技术转移带来的积极效应。

的一个重要的问题域。这个效应是动态性的,其发生的范围和程度是跨国公司的技术、本地原有的技术和学习能力以及共同作用的结果。

二、国际外包对发展中国家技术进步的效应研究

鉴于信息技术产业国际化日趋活跃的国际外包生产方式,分析外包对于发展中国家开放经济下的技术进步有重要意义。对此,我们将外包置于国际化生产的框架下,分析其引发的技术效应。有研究认为,技术后进国家通过外包渠道参与到跨国公司主导的国际价值链中,当地相关产业基于自身要素结构特点被安置于价值链的特定区段,引发的交易和知识与信息的互动带来"干中学"效应,推动发展中国家动态竞争优势的积累,成为发展中国家谋求开放型产业升级的重要路径(Melissa A. Schilling,2006)。还有研究表明,因外包引致的垂直型分工格局带来的国际化生产技术转移受到接包企业所处市场竞争结构的影响,如果接包方产业由垄断转为竞争形态,发达国家发包企业的行业将整体增加外包需求,因此,不得不向接包企业转移更多先进的技术,以满足外包合作关系的持续性(Pack & Saggi,2001)。在针对中国跨国外包与技术进步关系的实证分析研究中,相关研究运用向量误差修正模型(VCECM)检验了中国跨国外包和技术进步之间的长、短期因果关系,发现技术进步和跨国外包之间存在着协整关系。短期来看,跨国外包促进了我国的技术进步,然而长期关系则是技术进步促进了跨国外包的增长,但跨国外包对中国技术进步的促进作用并不明显(朱钟棣、张秋菊,2006)。另一项以服务外包为对象的研究,通过开放经济增长模型论证了国际服务外包对承接国技术进步的正向作用,以及影响技术溢出效应大小的一系列条件(喻美辞,2008)。

三、中国在对外开放条件下的技术进步研究

对于中国作为在产业全球化下的技术进步的理论解释,技术后发优势理论构成一个重要的理论解释,这对于具备高度周期性特征的信息技术产业尤其重要。随着中国在信息技术产业领域开放程度的深化,企业技术追赶方式正在从引进模仿形态向自主型与多元化的创新模式转变,技术转移的作用逐步淡化,因此加强吸收能力积累和促进自主创新是我国今后技术追赶的基本方向(郭熙保、肖利平,2007)。由于承接制造业外包已经构成中国出口(加工贸易出口)的最大动力,在很大程度上成为中国在全球网络化生产进程中的主要表现,而且其中很大部分是本土企业承接在华投资跨国公司的外包业务,因此,现有的跨国公司在华投资的技术

转移和扩散客观上构成了外包企业外源性技术获得的环境。还有研究分析了中国在新型国际分工格局下产业升级的机制，指出企业技术学习机制发挥的重要作用。有学者从理论上探索新型国际分工格局下知识和创新成果传播的途径和发展中国技术学习的机制（范黎波，2004），并分析了该机制对中国产业创新要素培育的贡献。

此外，不少国内学者都运用产业层面的数据对跨国公司在华国际化生产带来的技术转移作了实证分析，并根据考察对象的宏观与微观特征进行了影响因素的研究。这些研究总体上认为伴随在华外商直接投资存在技术转移的行为形态，但在产业的技术转移的类型和形式问题上存在分歧，同时指出该效应受到市场结构、产业集聚特点、外商投资的模式以及空间特征的影响。有学者指出跨国公司在中国采用的技术普遍缺乏先进性，但技术扩散的水平则逐步提高（毛蕴诗、袁静，2005）；有学者针对长江三角洲地区外商直接投资的技术扩散的研究认为，跨国公司技术扩散在推动长三角经济增长的同时也造成恶性竞争等负面效应，不利于产业长期升级效应的实现（张凡，2005）。

在中国产业获得外商投资企业技术溢出效应的问题上，大部分研究认为存在着积极的技术外溢效应，但是该效应是建立在诸多条件基础上的。主要的研究结论可以概括为以下几点：（1）外商直接投资外溢效应的发挥受当地经济发展水平的门槛效应制约，正向效应的产生必须建立在经济发展水平较高、基础设施完备、自身技术水平的提高和市场规模扩大的基础上（何洁，2000）；（2）除了提供较先进的技术以外，跨国公司在帮助当地管理和技术人员提高对商业机会的把握能力以及判断知识、技能优先性的能力方面有着不可替代的作用（江小涓，2002）；（3）技术溢出效应与行业的要素密集程度、内外资企业的能力差距、两类企业之间的充分竞争等因素有关（陈涛涛，2004）；（4）在 FDI 的创新能力溢出这一问题上，也开始有一些实证研究成果，冼国明（2005）、王红领和李稻葵（2006）的实证研究结果表明FDI 对我国企业的自主创新产生了正的溢出效应。

有关中国信息技术产业的国际竞争地位的研究大都有如下结论，即中国在这一国际化产业的垂直分工型生产网络中扮演着"沉淀于"价值链低端环节的角色，很多学者都指出这个进程中发展中经济体的专业化生产在产业利益分配格局上所处的不利地位。有研究基于 IT 产业跨国投资的模式，通过实证研究的方法对中国开放 IT 产业的进程做了剖析，分析了中国在该产业利用外资的态势以及在国际竞争中的地位（肖静华，2001）。

上述研究最普遍的论据是跨国公司在华投资的企业大量从事 OEM 生产活

动,从中可以直观地发现这类活动的相对利润水平非常低。这个模式在电脑装配等低技术产业上非常普遍,中国企业的生产模式是进口关键中间产品,在国内加工组装成最终产品后再出口,因而处于价值链的下游。由于这类生产功能在企业间替代性强,竞争激烈,市场结构呈现高度竞争,从而形成相对较弱的市场势力,因此出口产品的附加值非常低,在与价值链上游的发达国家企业的利益分配格局中处于不利的地位(宋玉华等,2008)。这个状况的分析也为我们认识包括技术效应在内的各类长期和短期效应提供了一个总体性的视野。有研究表明,在当代垂直专业化条件下,在产品市场势力相对较弱的情况下,很难获得自主性的技术投入的初始条件,因此不利于技术后进国家的产业升级。

对于中国开放经济下的技术进步,有学者提出基于技术吸收能力的"技术升级门槛"(Paola Criscuolo,2005),指出发展中国家在工业化进程的初期,由于自主的创新能力非常弱,对于外国技术的依赖性特别强,当地企业的努力主要集中于对外国技术进行适应性的改造,使之适应于当地的原材料与零部件的可行性;随着产业资本积累达到一定水平,发展中国家加大了教育投入,从而使南方技术人才总量增大,人才结构更适合经济社会发展的需要,北方公司在南方①市场可以获得更多素质更高的劳动力,导致南方的技术吸收能力增强,南北的技术水平的差距缩小。与此类似的问题是有关 FDI 中的技术转移速度与发展中国家本土企业技术吸收能力之间的关系(Blomstrom & Wang,1992),研究指出由技术发展阶段和两者的互动构成的循环只有在一个"最低"的技术吸收能力的前提下才能启动,在技术赶超前阶段需要吸收能力对应的技术水平构成了技术升级的门槛,但研究亦指出,一国技术吸收能力和技术差距(技术发展阶段)之间存在非线性关系。形成该门槛的一个重要条件是东道国的人力资本的积累和技术型劳动力的增加在技术转移过程中发挥了关键作用(Glass & Saggi,1998;Nelson & Keller,2002)。在信息技术产业内,由于专业化分工程度高,生产关联高度密切,因此"干中学"和"用中学"机制是技术后进企业在合作过程中的重要学习手段,另外,与"干中学"存在补充关系的学习机制包括内部的学习(In-house Learning)和通过联盟的学习(Learning by Alliance)机制,后者是外部的信息和技术源转化为自身技术发展的更有效率的方式。

总之,发展中国家开放经济条件下技术进步问题的研究视角是非常丰富的,既有从宏观经济视野下考察内外市场多元技术对经济增长的贡献,也有根据发展经

---

① 这里的北方泛指发达国家,南方泛指发展中国家。

济学理论利用外资效应问题的研究，以及结合技术转移、技术扩散和技术外溢等多个技术流动模式的特征分析其对发展中国家高技术产业发展与经济增长的研究；此外，还有针对特定国家结合特定信息技术行业的现状和制度环境特征的个案考察。这些研究都帮助我们更深入地认识信息技术产业生产国际化进程对发展中东道国的技术效应。

第三章

信息技术产业国际化
的形态与特征

在全球高新技术产业内,信息技术产业的技术创新和国际竞争激烈程度无疑超过其他任何一个产业,由于技术的更新换代加速,以芯片为代表的半导体核心产品生命周期越来越短,任何一个企业长期保持技术领先越来越困难。与此同时,市场的多变以及产品内在的外部化特征使得市场竞争格局也充满变数。

第一节 产业国际竞争的发展动向

随着产业技术创新复杂程度加深,投入资金要求的提高,使先期的研发成本不断提高,对单个跨国公司而言,独立进行一项创新研究不仅成本高,风险也非常大。因此,为谋求创新成功率,降低成本与分散风险,与同行间合作研发成为重要的创新模式。除此以外,为了维持市场竞争地位,通过并购进行的资产重组也成为大企业保持领先地位的重要手段。

一、核心技术创新的跨国合作

信息技术产业随着新技术的商业化过程不断衍生出新行业,但是主干技术相对稳定,主要包括计算机技术、通信技术和网络技术这三大领域,而技术的“源头”则是半导体技术,因此半导体产业的技术创新直接影响信息技术产业的创新路线。从这个意义上看,信息技术产业的创新核心区基本上集中在半导体技术领域。在半导体技术上领先的企业也相应地成为信息技术产业的主导企业。美国作为半导体技术的原创国,于 20 世纪 50 年代开发出了全球第一块 DRAM 芯片及 MPC 芯片,长期以来是半导体产业最大的生产国,近年来在以存储器产品为代表的芯片技术升级换代进程非常活跃,始终占据着行业技术创新的核心位置(见表 3－1)。

表 3－1　　　　　　近十年来全球存储器产业专利的国别分布　　　　　　单位:个

国别和地区	设计	占比(%)	制程	占比(%)	应用	占比(%)	总计	复合增长率(%)
美　国	27 549	61	14 024	50	3 761	70	45 334	30.50
日　本	9 829	22	6 171	22	932	17	16 932	26.18
中国台湾	1 143	3	3 703	13	41	1	4 887	63.37
韩　国	2 586	6	2 140	8	65	1	4 791	32.18
德　国	1 012	2	849	3	219	4	2 080	28.88
意大利	485	1	215	1	14	0	714	24.74
法　国	503	1	155	1	53	1	711	16.64
加拿大	471	1	57	0	62	1	590	26.67
新加坡	36	0	369	1	3	0	408	N/A
荷　兰	220	0	90	0	22	0	332	27.47

注:表格中的占比表示该国专利占该产业链的比重。
资料来源:魏志宝:《从专利看创新趋势——记忆体产业专利分析》,《台经月刊》2006 年 4 月。

半导体产业内的创新活动与大企业创新战略深刻地体现了信息技术产业领域最新的竞争态势,技术创新成为影响企业竞争优势的核心要素,持续的创新成为行业竞争的目标。这里的创新不仅包括单纯新产品开发意义上的创新,而且还包括与技术标准相关的主导权争夺。后者与产品技术标准的控制权有重要关系,如果某企业拥有制定标准的主导权,就在市场上占有主动权,它已经成为信息技术产业国际竞争最激烈的领域。在技术标准和专利竞争中,行业内的领先企业积极开展包括确定技术路径、控制主流技术标准和实施专利保护在内的各类技术竞争策略,构筑起技术壁垒,扩大在行业内的垄断地位。在这个竞争规律下,行业内若干个跨国公司倾向于组建策略性技术联盟,以实现保持技术的长期优势,这类联盟在很大程度上分担了企业昂贵的研究开发成本,避免了风险,集合了彼此的技术优势,加速了新知识在联盟内的扩散,提高了联盟企业的竞争力。这个趋势实际上对联盟外的企业构成一定的排斥,结成联盟的跨国公司掌握与左右行业技术标准的制定,从而使未参加标准制定的企业处于被支配的地位。

美国作为半导体技术的领先国家,为应对行业激烈的国际竞争,首先在国内构建了技术联盟,推动企业间的合作创新,目前比较成功的战略技术联盟是于 1987年成立至今的半导体制造技术战略联盟 SEMATECH (Semiconductor Manufacturing Technology),当时得到了美国政府年预算补贴 10 亿美元的资助,14 家在美国半导体制造业中居领先地位的企业组成 R&D 战略技术联盟。SEMATECH 集中于一般的过程研发而非产品研发,也相应地不参与半导体产品的设计与销售,这样既能使其成员企业受益,也不会威胁企业的核心能力。SEMATECH 负责购买、测试半导体制造设备,将技术知识传播给其成员企业,通过统一购买和测试,可以减少企业重复开发、检验新的工具,从而降低设备开发及引进的成本。由于成立 SEMATECH 的初衷是提高美国国内半导体产业的技术,因此,其成员只限于美国国内的半导体企业,但对与国外企业进行合作经营的合资企业没有限制,且不限制其成员企业在战略联盟以外的 R&D 支出。SEMATECH 的成员企业的主要义务包括为联盟提供资金资源和人力资源。前者主要采取缴纳一定比例的销售收益给联盟用于研究,后者主要体现在,来自战略技术联盟成员企业的技术人员在 SEMATECH 在奥斯汀的总部工作 6～30 个月,充分进行研究合作。这个模式能有效地降低成员企业的R&D支出,也减少了重复研究,有助于行业内研究成果的共享。

除了国内范围的技术联盟之外,跨国界的技术联盟也日趋活跃,目前英特尔公司、戴尔公司以及行业内其他 8 家公司共同组建了企业策略联盟,共同开发一套移动互联网技术标准,而三菱、索尼和东芝 5 家公司则达成协议,合作为新一代数码图像电视接收器的加密技术、付费系统和其他技术制定统一的技术标准。这类联盟的发展对于巩固相关领先企业的技术优势起到了积极的作用,而对处于技术跟随状态的发展中国家而言,在创新优势的提升进程中面临的障碍更大、更持久。在信息技术领域内作为技术高地的存储器技术领域,以联盟方式进行技术研发已经成为主流模式,最典型的就是 DRAM 技术开发联盟(见表 3－2)。

表 3－2　　　　　　　　　全球主要的 DRAM 技术联盟及其基本情况

联盟规模排名	技术母公司	联 盟 成 员	联盟所占市场份额
1	三星	三星	大约30%
2	美国美光(Micron)	美国美光(Micron)、中国台湾南亚科技公司与台湾华亚科技公司	大约20%
3	日本尔必达(Elpida)	日本尔必达(Elpida)、中国台湾力晶半导体(Powerchip)与台湾瑞晶电子(Rexchip)	大约20%
4	韩国海力士(Hynix)	韩国海力士(Hynix)与中国台湾茂德科技(ProMOS)	大约20%
5	德国奇梦达(Qimonda)	Qimonda＋Winbond(华邦半导体,中国台湾)	大约10%

资料来源：Peggy Lee, Vincent LI, IT IS项目,IEK/ITRI(2008/12),转引自"Taiwan IC Industrial Insights", EMIS 新兴国家数据库。

二、主要发达国家企业的专业化发展趋势

美国的半导体行业自 20 世纪 50 年代诞生到 70 年代一直处于绝对领先地位，既是全球最大的信息产品生产国和消费市场，又拥有信息技术最前沿的研究基地，是世界信息技术发展的核心。美国还是世界上主要半导体生产国和最大的半导体市场，并几乎垄断了全球的操作系统、数据库等基础软件市场。20 世纪 70 年代后，日本逐步赶超上来，在一些关键技术上有所突破，美国半导体产业因此进行了战略调整，通过技术授权将 DRAM 生产技术转让给了韩国和中国台湾，自身的产业重点转向了微处理器等高端芯片领域，重新回到全球半导体市场的霸主地位。目前，在半导体产业十大企业中，美国企业仍是领头羊，但是日本和韩国企业已经明显呈现出赶超态势(见表 3－3)。

表 3－3　　　　　　　　　2007 年全球前十大半导体企业排名

企　　业	销售收入(亿美元)	增长率(%)
英特尔(Intel)	338	10.7
三星(Samsung)	204.64	1.6
东芝(Toshiba)	118.20	20.8
德州仪器(TI)	117.68	－1.8
英飞凌(Infineon)	101.94	－3.2
意法半导体(ST)	99.66	1.1
海力士半导体(Hynix)	91	13.7
瑞萨科技(Renesas Technology)	80.01	1.3
美国 AMD	58.84	－20.9
恩智浦半导体(NXP)	58.69	－0.1

资料来源：上海市经济委员会、上海市科学技术情报研究所：《2008 年世界制造业重点行业动态报告》，上海科技文献出版社 2008 年版，第 63 页。

欧盟国家信息技术产业发展水平总体上落后于美国，就信息技术产品的市场需求而言，欧盟在计算机拥有量、上网人数、移动电话使用量、电子商务发展等指标上落后于美国，欧盟人均对信息技术产品的支出不及美国的一半，一定程度上制约了产业扩张和升级步伐。而且从宏观经济信息化发展进程看，信息技术对传统产

业的改造力度较弱,与美国相比,欧盟在信息技术产业对经济增长贡献方面,落后了大约 5 年。而且产业对外壁垒的不断消除使它们面临更为激烈的国际竞争,因此欧盟国际企业的总体市场份额落后于美国。但是,欧盟内部德国、法国等核心国家具有较好的研究创新基础,并且在部分产业领域具有很强的国际竞争优势。例如,在移动通信领域,欧盟的移动通信系统和设备开发已经在世界占据了主导地位。

欧盟内各成员国产业竞争力差别较大,这与各国创新体系的发展水平和产业政策相关,爱尔兰、芬兰、瑞典、荷兰和英国等国家在信息技术产业上的发展水平较高,其中:爱尔兰的信息技术产业增加值在所有产业内的比重已超过美国,芬兰信息技术产业的增长速度也大大高于美国,目前在全球信息化程度综合指数排名上名列第一,而且信息技术产业已经成为该国国家竞争优势的内核。芬兰构建全球竞争力的成功,一个非常重要的原因是芬兰的信息技术战略是建立在政府、企业和高校研究导向的高度一致和充分合作的平台上。一个典型的例子是,在 20 世纪90 年代,当全球各大型通信厂商纷纷致力于研究 ATM(异步传输模式)交换机时,芬兰则制订了更有前瞻性的产业政策,由诺基亚公司主导,集中投资,与大学研究机构通过资源共享和人员合作,全力开发移动通信技术获得成功。

在东亚地区,整个 20 世纪 80 年代的 IT 强国是日本,该国的国际竞争力主要体现在基于微电子技术的电子信息产品的研发和制造方面,优势更甚于美国。近十年来,韩国和新加坡在局部领域体现出强大的国际竞争力。韩国是目前全世界随机动态存储器、半导体,系统和手机的主要生产国。而新加坡的信息技术产业以个人电脑、磁盘驱动器和打印机等电脑外围设备以及半导体器件的生产为主导产品。例如,韩国的三星、金星和现代以及新加坡的特许半导体等几家公司已步入世界一流的信息技术大企业行列。中国台湾则是世界上显示器、扫描仪、光盘片、主机板、集线器、键盘、鼠标、声卡、视频卡、电源供应器、不间断电源系统、光驱与笔记本计算机的主要产地。作为发展中国家的印度,虽然信息技术总体水平还比较低,但其软件的高质量和竞争力却是世界闻名。

三、跨国并购推动产业重组

行业内的全球领先企业以掌握行业内最新技术以及强大的产品开发能力为核心竞争优势,但由于技术更新快,企业长期保持技术领先的难度在不断提高,领先型大企业之间为了分散风险,提高创新效率进行"强强联合",这类并购大多是水平型并购,实现"化敌为友"的目的,巩固了市场地位同时也发挥了协同效应,往往对

产业内重要的"专有资产"的布局和国际竞争格局带来冲击。这类并购的发展模式和途径主要体现为两个方向:

首先,并购双方是产业内呈现同等地位的竞争对手。这类并购的主要目的是提高市场份额,减少行业内的竞争个体,使市场集中度提高,保证自身的垄断优势。这类并购活动的模式大多是两个企业针对同类业务的合并和收购。以个人电脑行业为例,过去几年内发生了一系列重大并购事件,影响最大的是中国联想集团并购美国 IBM 个人电脑业务,这个并购被誉为 IT 界的"蛇吞象"。合并后的新联想以130 亿美元的年销售额、1 400 万台的 PC 年销售量、160 多个国家与地区的营销网点一跃成为继戴尔、惠普后全球第三大 PC 制造商,并且成功地启动了自身的全球化战略,对 IBM 而言,通过此举调整了业务范畴,集中资源向产业高端环节和服务连接领域加大投入,IBM 在出售了个人电脑业务之后,专注于服务器产品的生产制造,大大提高了综合竞争优势,有助于实现它建立"全球最大的服务器生产基地"的目标。对联想集团而言,通过这个并购实现了 ThinkPad 与联想电脑的优势互补,借助 IBM 公司原有的全球网络资源,实现资源整合,其中比较突出的表现是供应链系统的整合,旨在形成一个包括采购、物流、销售支持、供应链战略规划与制造环节在内的多环节资源整合的系统,提高资源的使用效率,并通过多环节的协调推动协同创新以实现这个目标。

在通信设备领域,芬兰诺基亚公司合并了德国西门子旗下的电信基础设施相关业务,成为移动基础设施领域中的第二大公司,而法国的阿尔卡特公司则以 3.2 亿美元收购北美电信公司的 UMTS 业务,成功进入了 UMTS(Universal Mobile Telecommunication System, 全球通用移动通信系统)和 HSDPA(High Speed Downlink Package Access,高速下行链路分组接入)市场的前三名,并与美国朗讯公司达成了合并协议,使之成为仅次于美国思科公司的全球第二大通信设备制造商。在消费类的 IT 产业,2006 年,中国台湾液晶显示器(LCD)面板厂商友达光电公司通过换股方式收购了另一家行业知名 LCD 厂商台湾广辉电子,在竞争激烈的液晶面板行业领域内实现了市场占有率的迅速提高,预计超过 19%,以应对已经供过于求的全球市场格局。并购后的友达光电大大缩小了与韩国两大 LCD 厂商之间的差距,成为仅次于三星和 LG 飞利浦的全球第三大液晶面板供应商。在半导体领域,美国 AMD 公司在成功与戴尔结盟后,又以 54 亿美元收购图形芯片厂商 ATI,对英特尔的处理器和集成图形芯片的市场构成了直接的挑战。

其次,并购产业内企业向相关技术范畴内其他细分市场扩展,这类并购呈现出企业横向扩展经营领域的取向,实现以更高的效率扩张业务领域、降低企业的经营风险,同时巩固自身的竞争优势的目标。以并购为载体的东道国分支机构往往在经营过程中继续以国际外包和其他非股权合作方式延续与当地企业(零部件供应商)合作,既是主导企业通过涉足其他相关业务谋求分散市场风险的渠道,也是东道国通过承接产品的生产环节延续进入成熟期产品领域的利润空间的方式。

在软件产业,Oracle 公司是积极推行收购战略的典范,在 2006 年继续其以往强势的收购战略,以 2.2 亿美元收购了主要从事计费和收入管理解决方案的技术提供商 Portal 公司,通过这一方式 Oracle 公司成功地进入到通信领域,在该行业建立了竞争优势;而全球最大的计算机硬件制造商 IBM 以 7.4 亿美元收购了资产管理软件公司 MRO,以 13 亿美元现金收购了网络监视及分析服务提供商 Internet Security Systems,并以 16 亿美元收购了文件管理软件提供商 FileNet,通过这一系列的收购活动,IBM 公司的经营范围扩展到专业软件和网络服务领域,实现了业务领域的多元化,这也是 IBM 收缩原有的硬件生产领域,向服务领域倾斜的一个战略举措。以"并购引擎"著称的美国思科公司在 2007 年 5 月成功地完成了对 WebEx 通信公司高达 32 亿美元的并购,意味着思科公司在未来充分享有在线协同服务产业领域的高利润,有效推动了该公司从网络基础设备巨头升级为软件及其高端服务供应商。

第二节　国际产业转移的形态与地区特征

在全球高技术产业中,基于 IT 技术和现代通信技术的信息技术产业是当代日新月异的新技术突破与生产一体化模式充分结合的典型产业。自 21 世纪以来,该行业经历了发展模式和创新格局的急速演变,技术开发周期不断缩短,产品更新换代加快,技术扩散明显,这些特征构成了产业内企业资产重组和国际化发展模式异常活跃的背景。

一、国际产业转移形态的变迁

20 世纪六七十年代消费类电子产品的国际化发展路径,是基于产品生命周期假说的产业国际转移理论的真实写照。根据这个理论,我们可以将该领域的产业国际转移进程划分为如下几个阶段:

第一阶段,美国等发达国家作为技术原创国家在本国市场推出了新产品,开始在海外发展经销商或代理商,旨在拓展产品市场,获得销售利益,使得那些本国已经成熟的技术得以延长生命周期。

第二阶段,美国企业母公司积极开展海外直接投资,通过设立合资企业,将标准化了的技术转移给东道国当地,后者实现了产品的整个制造功能,形成跨国公司内部垂直一体化的分工格局,海外东道国的廉价劳动力要素结构吸引跨国公司在当地建立制造工厂,从而成为出口导向型战略的载体。这个进程带动的国际产业转移一方面帮助了跨国公司母国延长产品生命周期,另一方面也推动了东道国企业获得跨国公司的技术转移。

第三阶段,产品进入成熟期,发展中国家当地企业已经充分掌握了产品生产技术,完全实现了本地化制造,而跨国公司母公司也相应地放弃了对产品从技术到经营上的控制,转而开发新的产品,并开始新一轮的产业转移。

上述阶段形态在家电类技术产品、消费类通信和娱乐型电子产业内尤其鲜明,一个重要原因是这类产品生命周期特征明显,产业或部分环节沿着技术原创、标准化和成熟期各个阶段实现次第更替的跨国转移。

20世纪七八十年代的发展阶段中,信息技术产业内技术原创国与发展中国家之间技术差距相对较大,跨国公司母公司不仅控制产业原创技术创新动向,高度参与各个区位分支机构的技术路线,跨国公司母国向东道国的投资战略也经历了从简单一体化到复杂一体化的转型,是以跨国公司母国对分公司(或者子公司)享有较强控制权为实现条件。发展中东道国的分支机构基于要素结构特征被纳入跨国公司全球网络各节点职能专门化的战略安排中,通过相关价值链区段的效率最大化经营方式加以组合,实现母公司利益最大化,并对东道国的外向型经济发展带来积极贡献。

上述进程在东亚地区得到了充分体现,至今仍是东亚经济体相关产业发展的主要动力,对当地的产业技术路线和产业组织模式都带来了巨大的影响,从日本、韩国,之后的"四小龙"经济体,一直到目前的中国东南沿海城市,在产业范畴上涉足电子设备、家电、电脑产业、工业和民用通信产业等。

随着国际市场竞争态势的加剧,信息技术产业的国际转移形态目前正经历着巨大变化。当前产业转移的规律已经不同于早先依照产品生命周期的次第转移,而是在原创国家新技术研制初期就呈现跨国转移的趋势。这个进程基于专业化分工深化为驱动力的价值链区段在全球范围内的安排,因此产业转移形态不再是在不同投资东道国平行复制所有职能,而是同时在价值链各个功能区段进行"片断化"的海外投资,各个东道国专业化于价值链内分解出来的相关子功能,这些存在附加值差异的子功能在创新产品开始推出之际就在全球布点,跨国公司母国一般是最高附加值功能的布局点,而那些海外生产点只是公司系统内一部分中间品的消费者和另一部分中间品的生产者。例如,英特尔公司将半导体产品价值链内高附加值的硅片生产与加工业务留在美国,而制造设备的生产活动放在以色列和爱尔兰,将劳动密集型的装配和测试业务安排在马来西亚、菲律宾、哥斯达黎加和中国。这个进程的微观动力是跨国公司的全球经营策略,跨国公司在早期的股权纽带的合作模式基础上,积极谋求包括非股权纽带的多种国际合作模式,构成垂直分工格局。在这个模式下,跨国公司与发展中国家当地企业以共同利益为平台,推动企业全球性经营网络的构建。前者继续承担产业国际化进程中领先企业的角色,在竞争优势的培育上集中于围绕着核心功能发展的"核心资产",将非核心活动转移给发展中国家企业;后者是以合同制造商(或者供应商)角色承接这类包括生产和服务业在内的非核心功能,并以"模块化"的产业组织方式实现整个系统的顺畅运行。

二、国际产业转移下的发展中国家

产业内技术领先的跨国公司活跃的对外投资和外包等国际化微观道路成为推动产业国际化发展最重要的微观动力,影响着发展中国家参与产业内分工格局的机遇和利益分配布局。与此同时,跨国公司的经营策略与发展中国家自身的对外经济政策也深刻影响着产业国际价值链的治理方式,对发达国家和发展中国家之间产业转移引发的技术流动和要素报酬的相对水平带来冲击。发展中国家一般对跨国公司的技术转移给予鼓励措施,但往往伴随着降低跨国公司使用当地富裕要素的门槛,两者综合最终的净效应受到外资政策和特定产业政策的具体实行情况的影响。

目前,东亚新型工业化经济体和中国是信息技术产业国际化效应表现最活跃的地区,产业转移的形态受区内经济体技术水平梯度的影响,使得专业化生产因此达到了较高的程度。高度的专业化生产使该地区形成一个相互依存度极高的跨国生产网络,成为信息技术产业的产品内国际分工最成熟的地区。

信息技术产业转移的动向也受到当代全球制造业"服务化"的影响,全球信息技术产业的领先企业的经营重心已经从有形的"制造"转移到包括研发、营销等"软性环节",制造环节向劳动力成本低的发展中国家转移的进程因此进一步加速。这也是跨国公司在日趋激烈的市场竞争中的一个应对策略,由于制造技术容易被模仿,目前发达国家与发展中国家之间的技术差距已经越来越小,而企业的高端服务环节尤其是研发、设计、营销、售后服务等则不易被模仿,跨国公司母国因此集中资源投入到这些环节,作为企业竞争优势和利润增长最重要的来源。IBM 公司是信息技术产业"服务化"趋势的典型案例,它向中国联想整体出售个人电脑生产业务是其业务向服务领域转型的一个标志,在此之后 IBM 在产品价值链升级上呈现了功能性的重大跨越,2008 年这家企业收入 560 亿美元,其中超过一半的收入来自服务业。除了 IBM 以外,其他技术领先性跨国公司也都以剥离制造环节或者向研发、营销等服务环节延伸价值链的方式进行竞争战略的转型,这个战略实施客观上导致对发展中国家转移制造业务的动力。

三、东亚地区承接国际产业转移的历史进程

信息技术产业的国际转移在东亚地区起步于 20 世纪 60 年代,首先发端于北美(部分产业从日本开始)到东亚(日本以外的经济体)的产业转移,在七八十年代达到高潮。由于信息技术产业技术可分性强和产品分量轻、易运输的特点,较早就呈现出经历了从产业整体性"复制"搬迁到基于产品内分工机制的"片段化"国际转移的转型。根据行业内典型的国际化生产特征的企业实践,这个产业转移过程可以归纳如下。

第一阶段:20 世纪 60 年代,半导体产业的国际投资发展迅猛。日本企业先是给予中国香港、韩国和中国台湾的合资企业晶体管收音机的生产许可,之后又允许它们生产掌上计算器,从 20 世纪 70 年代后,美国(之后是欧洲)半导体生产企业将劳动密集型的晶片装配生产线转移到东亚低工资地区,主要包括中国香港、马来西亚、新加坡和泰国。产业转移的动因除了亚洲当地市场的低劳动成本以外还包括关税豁免优惠,美国企业在相关产品上的合资与独资企业在当地无需对半导体晶片本身缴税,而只对组装过程中增值部分缴税。半导体产品在当地组装好之后,运回欧洲和美国,再由品牌电子厂商进行组装为最终产品。因此,在这个阶段日本、美国等企业还是保留了晶片加工、电路板组装和产品级的组装业务,亚洲企业的生产功能只是在需求旺盛时期发挥了"缓冲器"的作用。这个时期亚洲企业的合同制造活动被形象地称为发达国家品牌厂商的"电路板填充者"(board stuffers),即品牌厂商将自己库存的零部件以委托销售方式交于合同商,这些厂商组织劳动力对这些零部件进行组装。这个阶段包括中国香港、新加坡和中国台湾在内的企业纷纷加入到"电路板填充者"的行列中。

第二阶段:20 世纪 80 年代,东亚地区的产业国际化与发达国家(技术原创国家)的产业转型以及基于产品生命周期的国际投资的规律是相互呼应的,这个格局往往是以日本为领先国家(始发国家),将成熟的盈利能力下降的产业转移到邻近

的发展中国家,美国将已经进入成熟期的磁盘驱动器和个人计算机向欧洲部分国家(如苏格兰)和部分亚洲国家和地区(新加坡和中国台湾)转移,在转移模式上包括投资分支机构和当地采购。与这个模式对应的是美国品牌商、合同制造商(以发展中国家当地合资企业为主)和当地元器件供应商(本地企业)共同构成跨国生产网络。到了20世纪90年代初,跨国公司品牌商与合同制造商的关系发生了变化,前者已经不是将后者作为过程能力的实现者,而是实现企业有效利用资源(成本导向)的手段,在合作方式上也逐渐转向外包模式,而合同制造商在这个过程中也实现了规模经济,获得了动态优势。

在半导体产业,生产计算机记忆芯片(DRAM)的技术工艺于20世纪80年代从美国转移到韩国企业,在90年代中期日本企业开始将平面显示器的生产工艺转移到了韩国和中国台湾企业(Akinwande, Fuller, Sodini, 2001),亚洲经济体制造的产品占了所有以硅作材料的产品的70%,在IC分装和以DRAM(Dynamic Random Access Memory,动态随机存储器)和SRAM(Static Random Access Memory,静态随机存储器)为主的存储器产品上占了近80%的比重。而且在投资建厂的模式上大多是发达国家企业为接近其地区供应商而构建产业集聚区,公司将生产中心设在中国台湾台南地区的美国康宁公司(Corning)和设在韩国的Asan和Gumi的日本Shizuoka与韩国三星的合资企业,业已成为全球第一家率先生产玻璃基板第七代产品的公司[1]。这个过程客观上构成东亚地区雁形产业升级模式的重要动力,对于韩国和中国台湾地区这个历史阶段是它们在相关产业升级中的"学徒期"。在这个产业转移进程中,通过合资建厂和针对本地市场的合作开发,这两个经济体有机会购买技术许可以及申请技术支援项目,是企业获得开放型技术进步的重要机制。它不同于技术模仿,后者主要是通过反向工程等方式来复制国外成熟技术[2]。

第三阶段:从20世纪末开始,随着欧美跨国公司对外包策略的青睐,产业的制造功能向东亚地区转移以更加灵活的方式进行。整个亚洲在全球IT产品生产中占有80%的份额,其中通过外包模式制造的半导体产品上占有75%的份额。不仅如此,而且涉及的价值链特定环节也逐步向高端升级,以中国台湾和大陆沿海部

---

① Charles T. Kelley (Et al.), "High technology Manufacturing and U. S. Competitiveness", RAND Corporation Publishing, 2004, p25.

② 资料来源:Scott, Allen J., 1987, "The Semiconductor Industry in Southeast Asia", Regional Studies 21(2):143~160,转引自Shahid Yusuf, M. Anjum Altaf, Kaoru Nabeshima 编,中国社会科学院亚太所编译:《全球生产网络和东亚技术变革》,中国财政经济出版社2006年版,第40页。

分城市的园区为代表的东亚产业集群已经从早先的承接 OEM 制造转向 ODM 制造,自身的设计和产品开发能力已经获得了欧美跨国公司的认可。

OEM 代工模式作为信息技术产业内一种活跃的国际化生产模式,目前尚无权威的数据统计,只能通过产业内中间产品的贸易规模粗略地对基于 OEM 的垂直分工深度加以考量,由于电子通信产业的贴牌生产业务集中于美国与东亚新兴经济体之间,因此可以通过美国与其中最大的贸易伙伴在中间品贸易上的变化对这一国际化生产规模进行描述(见图3-1、图3-2)。

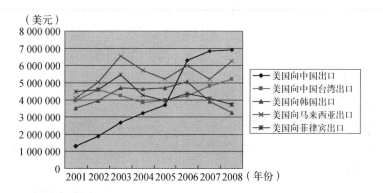

图 3-1 电子通信产业中间产品贸易(美国向东亚部分经济体的出口)

资料来源: International Trade Center,网址: www. intracen. org。经作者加工整理。

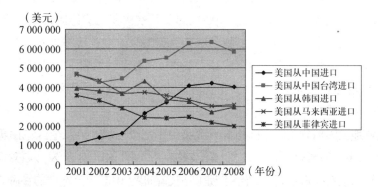

图 3-2 电子通信产业中间产品贸易(美国从东亚部分经济体的进口)

资料来源:同图3-1。

由图3-1、图3-2可以看到,美国向东亚经济体出口的总规模大于从东亚经济体的进口。从国别比较情况看,中国与台湾地区在出口与进口上都呈显著的增长趋势,台湾地区对美国的出口规模超过中国大陆,但是两者的差距在缩小。这与电子通信产业内台湾地区 OEM 制造业务逐步转移到中国内地的背景是一致的。

伴随着中间品贸易扩大趋势的是国际直接投资在产业结构上的新动向。21世纪以来,全球信息技术产业跨国投资出现了配合 IT 硬件发展的服务供应商跟随式投资动向,一个重要的背景是服务经济在信息技术产业内的延伸趋势,计算机软件的发展,尤其是广泛结合其他产业技术的嵌入式软件和其他延伸服务的发展是目前大企业推进离岸外包的对象。以印度为代表的发展中经济体大量计算机服务专业人力资源成为这个国际转移的有利条件。在信息技术服务业领域,美国软件产业和 IT 服务业正在经历巨大的就业岗位的海外转移,基于产品内专业化分工的"片断化"产业转移,带动生产者服务业活动的跨越国界。发展中经济体的低成本及技术熟练的程序员进一步成为相关 IT 服务和软件开发活动被转移到海外的动力。最典型的一个案例就是在解决计算机千年虫(Y2K)的问题上。美国企业的国外分支机构大量利用当地的程序员,是该项工作获得成功的主要因素。印度的软件服务估计为美国公司实现节约成本的 60%,给美国公司从事的生产外包带来的软件出口占到了印度整个软件出口的 70%。中国虽然还没有非常大规模为美国企业从事 IT 服务的计划,但是其他发达国家的公司正在采取积极的政策,旨在培育中国的软件发展商,其中一个重要的政策就是打破美国微软公司在台式电脑操作软件上的垄断,而是采用当地软件制造商的产品。这显然需要政府的支持。

目前,东亚地区成为全球信息技术产业市场潜力最大、竞争最激烈的地区,无论是消费市场还是制造产能都呈高速增长态势,成为信息技术产业国际化生产和经营最活跃的地区。同时,该地区多层次的要素结构和消费群体也是产业专业化分工实现空间安置的有利条件。除了承接欧美国家的产业转移之外,地区内部相对领先国家和后进国家之间也形成基于不同技术复杂性的若干细分产业之间的梯度转移,并随着相关经济体动态竞争优势的演进,引致该地区国际分工的动态演化趋势。

东亚地区国际分工的空间格局大致集中于三个区域:第一个区域由美国、日本、欧洲为主的跨国企业构成,它们支配着核心零部件的研制、开发,以芯片和微处理器为技术创新的重点;第二个区域是韩国、新加坡、中国台湾本地的品牌制造商,其中韩国和中国台湾在笔记本电脑母板等产品上的技术水平达到了世界先进水平,而且在部分类型的芯片上,其生产工艺已经与美国和日本同步,而在基于 LCD 技术的新兴产业领域,韩国和中国台湾均具有比较强的竞争优势;第三个区域是中国东南沿海地区和马来西亚、泰国、菲律宾等东亚经济体的当地企业,以中小型企业为主,从事个人电脑装配和销售,并为当地欧美企业提供零配件供应和辅助技术服务。而且,随着东亚地区信息技术产业技术升级和市场竞争能力的提高,当地企业的技术升级对美国企业的依赖正在逐步减弱,在关键的半导体技术以及一些高附加值产品的技术上,中国台湾和韩国等经济体已经积累了较强的创新能力,可与美国平起平坐。当地大型企业的战略核心正转移到价值链高端的创新开发环节,通过上下游产品的供应链纽带实现了向地区内其他发展中国家的技术扩散。

第三节　发展中国家与发达国家的技术差距

信息技术产业的国际分工格局决定了企业在技术优势上的差异化格局,遵循产业技术链从低端到高端的形态,发达国家企业总体上占据技术竞争的领先地位,但是信息技术产业特有的技术创新模式与产业链跨界融合的趋势,使得产业内任何一个企业都很难长期保持领先的地位,而且技术扩散和外溢效应发生路径高度多元化,使得后进企业的追赶具备更有利的条件。因此,行业内"领先企业"与"跟随企业"之间的技术差距呈现鲜明的动态特征。

一、产业内技术差距的动态发展特征

信息技术产业强烈的国际化发展倾向为企业之间的知识共享和合作创新带来积极动力。发达国家跨国公司对发展中国家的直接投资规模的持续扩大以及发展中国家对相关外资"偏好"导向的鼓励型政策都成为相关产业国际转移的有利条件。信息技术产品内在强烈的产品内专业化分工要求,导致产品在价值链所有功能环节都几乎同时以跨界的空间安置形态出现,表现为国与国之间在新产品消费直到技术可得程度方面的差距都趋于缩小。行业内"技术领先企业"与"技术跟随企业"之间的关系呈现很强的动态性。

"技术跟随企业"以各种方式实现动态竞争优势的积累和升级的空间非常广阔。由于信息技术发展周期的特点,作为技术后进的发展中国家能够在较少承担先期研发投入的情况下直接拥有成熟的技术与制造工艺,并通过合约制造等国际化生产模式获得产业跨越式发展的契机,形成市场竞争中的后发优势。随着技术内部分化的进一步加剧以及创新活动本身的专业化分工,局部领域内的产业竞争阵地并没有在发达国家和发展中国家之间构成明显的界限,新兴工业化经济体和发展中国家已经成为竞争平台上非常活跃的主体,在个别领域甚至成为全球技术领先者。

从产业内主要跨国公司的战略导向看,跨国公司经历了从简单一体化到复合一体化战略的更迭,其管理组织形式下,传统的层级组织逐步让位于多层次的网络组织。这个转变贯穿于信息技术产业由技术原创国向发展中国家扩展的跨国生产网络的发展进程中,以直接投资、承接外包以及战略联盟等模式为载体的多元国际化路径,不仅帮助跨国公司产业实现要素筹供的价值链区段全球安置的优化,也提高了技术创新和管理创新效率。在信息产业的网络发展态势中,发展中国家通过各类国际化生产和经营的纽带获得了"嵌入"跨国公司网络的机遇,在这个过程中实现与全球信息产业的联动发展。亚洲新兴市场国家在承接美国、日本等发达国家信息技术产业转移的进程中,出现了一些特有的模式,这是信息技术产业区别于其他制造业特有的现象,客观上为加深合作双方的生产和技术关联带来了动力。

二、美国主导企业技术领先优势的转型

在当代信息技术产业的国际竞争格局下,美国以其在原创技术以及品牌知名度上的突出成果,成为行业内旗舰企业最集中的国家。近十多年来,美国信息技术企业积极开展海外生产转移,通过建立合资与独资企业向中国投资,留在本土的制造规模所占份额不断下降。由于海外分支机构承接了巨大的生产规模,美国企业在全球的市场份额并未受到影响。大量例子表明,高技术产业内总部设在美国的领先企业,例如 IBM、英特尔、摩托罗拉、戴尔、希捷(Seagate)和思科等,无论是产品技术原创优势还是在国内市场和海外市场上的声誉都处于领先地位。一直到20 世纪末,行业内美国领先企业与其他地区(主要是中国台湾)的合同制造商在获利能力上仍然存在比较明显的差距(见表3-4)。

表3-4　　　　　IT 部门主要行业旗舰企业和合同制造商获利能力的比较　　　　单位:%

企　业	经济体	产业部门	利润与增长(1997~2001年的平均值)	股票回报	销售增长(1998~2001年的平均值)
Intel(主导)	美　国	微处理器	34	32	24
TSMC(合同制造)	中国台湾	微处理器	0	38	28
Hon Hai	中国台湾	网络设备制造	11	33	57
Quanta	中国台湾	手机电脑制造	11	57	73

资料来源: Boillot, Jean-Joseph, and Nicolas Michelon, 2001, China, Hongkong, Taiwan. Paris: Documentation Franch, 2001, p. 142,转引自 Shahid Yusuf, M. Anjum Altaf, Kaoru Nabeshima 编,中国社会科学院亚太所翻译:《全球生产网络与东亚技术变革》,中国财政经济出版社 2005 年版,第71 页。

21世纪以来,在美国主导企业海外生产的转移进程中,留在美国本土的制造业活动主要集中于产业价值链的高端环节,即技术上和管理上复杂程度最高的核心部件创新与开发活动,这个环节对工程或者设计专业人员之间密切合作的要求非常高。而那些常规性的制造活动,由于以制造效率为导向而大量向海外低成本地区转移,构成美国企业制造外包的对象和零部件中间产品的供应基地。基于信息技术升级换代和不断创新的商业模式,美国母公司能够更好地实现远程控制国际化生产,这个进程进一步提升了美国企业海外生产的效率。因此,微观层面上,半导体和计算机制造行业的人均制造产出持续提高,行业总体生产率还是不断地提高。

美国Gartner研究咨询集团的一项研究报告显示,在每10个基于美国IT销售商和IT服务供应商的工作岗位中就有一个转移到新兴市场国家,根据预测,到2015年,IT服务产业将导致330万个工作岗位向国外转移,其中包括将近50万个与计算机相关的工作(McCarthy,2003)①,软件和IT服务工作的海外转移是解决美国相关产业成本和工人可获得性较差问题的一个对策。除了有助于降低成本,外包同时也能有效缓解在客户服务、数据录入和软件后续服务工作上岗位的长期性需求问题。

基于对产业价值链的分解,美国企业的竞争力在产业内部呈现分化趋势(见图3-3),根据产品在市场和技术属性上的差异,可以把美国企业从事的制造和服务分成增值程度不一的三类活动。图中第一象限的复杂性制造环节,美国企业(位于美国本土的跨国公司企业或者美国本土企业)拥有绝对竞争力。在第二象限的简单技术含量产品制造环节,即产品进入标准化阶段以后的成本竞争阶段,美国当地企业在要素禀赋上处于竞争劣势,但由于在供应链和物流IT技术上的领先地位,企业得以有效地管理和远程控制海外的制造环节,有力地推动了跨国企业将制造活动转移到其他低成本的国家。在跨国公司以投资和外包为纽带的生产网络内,这类环节归入以外部化战略加以实现的非核心环节。第三个象限则是专门性的客户服务,往往属于定制化制造与服务相结合的环节,美国企业在这个环节内的地位尚不明确。虽然有部分公司开始转移它们的服务环节,例如呼叫中心(calling center),但企业主要考虑的还是这类活动随着市场的扩张而延伸的需要。因此,美国企业的竞争优势总体上集中于研发环节除了技术优势之外,还有一系列支持因

---

① 资料来源: Charles T. Kelley (Et al.), High Technology Manufacturing and U.S. Competitiveness, RAND Corporation Publishing, 2004.

素,包括世界一流的大学研究机构,企业家队伍和资本市场较发达,创新发展与创新成果商业化模式成熟。这些因素导致产业成为一个自我激励型的产业发展格局,其中任何一个因素的缺失都可能导致其他因素被削弱。

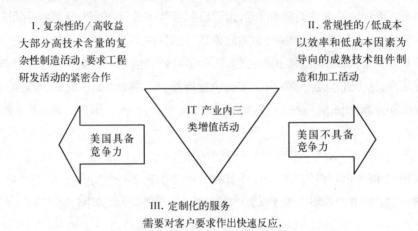

Ⅰ.复杂性的／高收益
大部分高技术含量的复杂性制造活动,要求工程研发活动的紧密合作

Ⅱ.常规性的／低成本
以效率和低成本因素为导向的成熟技术组件制造和加工活动

IT 产业内三类增值活动

美国具备竞争力

美国不具备竞争力

Ⅲ.定制化的服务
需要对客户要求作出快速反应,彼此协调或者地理空间接近

图 3-3　美国主导企业在 IT 产业三类增值活动上的竞争优势

资料来源:Charles T. Kelley (Et al.), "High Technology Manufacturing and U. S. Competitiveness", RAND Corporation Publishing, 2004,p113.

第四章

信息技术产业国际化
的微观机制

产业国际化表现为越来越多的跨国公司的国际生产和经营行为构成的产业跨越国界的经营,在全球范围跨越国界完成从原料筹集到市场增值整个过程。在国际市场竞争日趋激烈以及通信技术手段日新月异的大背景下,产品生产和服务的专业化分工分散在与各个环节的生产要素要求一致的全球各地,引致国际价值链的各个区段在国际范围内的"生产分离",形成产业内生产经营活动各个区段的全球化安排,构成信息技术产业国际化的微观机制。

第一节　全球价值链形态——产业
层面的国际化机制

根据前文对信息技术产业全球价值链理论框架的描述,信息技术产业的国际化生产和经营在国际分工属性上与产品内国际分工形态直接吻合,各个功能环节内部专业化分工程度的加深使得产业的国际生产网络以大量中间品贸易为载体连接起来,不同要素结构特征的经济体都活跃地参与到产业的国际生产网络内。

一、全球价值链的宏观动力——产品内分工

当代国际生产体系的变革以国际分工格局的变化为本质动力,产业全球价值链背后的"生产分离"的机制可以从产品内分工的特征上寻找到基本规律。

首先,产品内分工在产业内贸易模式上构成准内部化的趋势。随着信息技术和互联网的日趋发达,在电子信息产品领域,无论是计算机、电子设备和通信产品为代表的"硬性"产品生产以及以信息技术服务为代表的"软性产品",都体现出鲜

明的技术可分性和提供方式的可分性,这就为跨国企业以外部化方式进行生产和经营带来了技术上的可能。在国际生产网络体系下,跨国公司母国与分支机构之间、分支机构之间及其当地的供应商之间在原材料、产品、资金和技术上的交易,已经超越了早先国民经济交换形态下的企业间和产品间交换,而是呈现跨国公司全球网络内部产品内不同组件的交易。这个形态不同于一般意义的国际市场交易,而是该公司内部化筹供转型为全球筹供(Global Sourcing),在此形态上构成的跨国公司与海外生产点的关联。这个模式是介于市场和控股公司内部交易之间的一个"准内部化"形态,既带有基于合约的市场特征,又是在跨国公司母国主导的全球供应链安排的框架之下,因此,这是一种准内部化的安排。这种国际生产和经营的安排,借助市场和企业内部信息和技术纽带的融合方式,实现跨国公司全球范围内要素配置战略,客观上形成价值链内的"模块化"形态。在领先跨国公司主导的筹供网中,以长期采购或者制造合约为载体的分包商几乎没有定价主动权,领袖型厂商不必像过去依靠在流通领域控制国际市场价格,包括要素和生产品的价格,通过不平等交换来获取国际收入分配利益,而是在生产环节的配置过程中就决定了收入分配的格局。

其次,信息技术产业价值链不同要素密集特征的区段的联系载体趋于多元化。转移到海外的价值链区段与被保留的核心区段之间可能是资本纽带的合作,也可能是非资本纽带的合作,多元化的合作方式推动国际价值链以部分区段外部化加以分解。其中非资本纽带合作最典型的载体是企业之间的外包契约,一般是中间投入品长期采购协议或者产品的贴牌生产为实践中最常见的方式。

由于发达国家总体上是高级要素的集中地,故承担研究开发等技术密集型的功能环节或者成为协调全球各个节点的跨国公司总部的地点,而价值链的生产环节则在劳动力要素丰裕的发展中国家相对集中。由此引发出生产区段之间的服务连接成本,包括通信成本、地域运输成本以及外包所需的质量监督、人员培训等人力成本。这些成本综合起来的"总负担"是企业在国际化筹供方式上作选择的出发点。

下文将结合当代全球信息技术产业竞争格局下信息技术产业的国际分工格局,分析该产业基于国际直接投资和跨国外包双动力的国际价值链在全球实现各环节跨国安置的形态与特征。

二、产业价值链的国际化安置

跨国公司在公司最终效率最大化的前提下推行生产要素和全球化投资、经营战略,导致信息技术产业内的生产要素在分工效率导向下充分流动。这个规律解释了产业价值链空间安置的总体形态。但另一方面,信息技术产业的产品内国际分工的新形态对国际生产体系带来的变革,则表现为具备不同类型要素结构特点的国家几乎同时被融入产业链中的不同环节。在上述两种动力下,信息技术产业内国际分工的特征表现为两个层面的共同推进:一个层面是价值链环节之间的分工,根据投入产出关系形成企业相互依存的纽带,各类企业之间的获利程度的差异反映了价值链内不同区段增值程度的高低,属于纵向关联的价值链安置;另一个层面是企业(企业群体)之间的分工,即核心企业(领导企业)与外围企业之间的分工,属于一种横向的分工协作,两类企业的差距主要在于核心技术(最新技术)的掌握程度。目前的趋势是核心企业一方面在同一价值链环节的企业之间推进并购,引起市场结构上的相对集中,提高自身的市场竞争力,而另一方面企业又根据成本原则,将一些逐渐失去优势的环节从企业内部分离出去。以计算机产业的价值链为对象(见图4-1),我们可以看到该产业非常鲜明地体现了价值链在投入产出关系下的逐级推进,在这个链条各个环节推进过程中,各个环节本身在横向层面上也有所扩展,这类横向的纽带又可进一步分化出核心企业与外围企业。

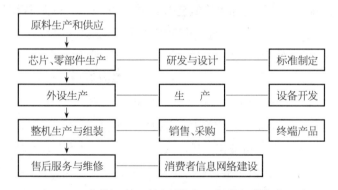

图4-1　计算机产业价值链构成及相关环节重要活动

资料来源:上海财经大学产业经济研究中心:《2007年中国产业发展报告——国际化与产业竞争力》,上海财经大学出版社2007年版,第485页。

信息技术产业作为典型的高技术产业,一方面,影响竞争力的核心要素是劳动力的科技素质,其载体是各类形态的知识以及高素质的人才,构成产业的“软性原材料”;另一方面,作为信息加工设备的生产商,本身也是自己产品早期的使用者,因此产业在生产者与使用者身份存在很大重叠,导致产业的空间布局在理论上可以选择任何地方,结合产品日趋轻巧化的趋势,该产业的生产部门高度分散,中间产品则大量依赖国际运输。而在产业的研发活动上,高级人力资源的有限性和可得性决定了产业的研发中心集中在能接触到创新性劳动和支持性服务环境的中心城市,制造活动则根据各个零部件相对的技术含量,建立地区生产设施,以便与客户建立直接联系和免缴商业关税,而在主要市场附近具有廉价技术劳动力的地区设立装配厂。

三、产业价值链纽带的载体——跨国直接投资与国际外包

根据前文对价值链理论的分析,信息技术产业是典型的跨国界安置价值链各个功能区段的产业。价值链各个功能区段之间的纽带载体,既包含有股权关联的直接投资方式,也包括非股权关联的国际外包方式,后者的发展态势日趋活跃。

目前信息技术产业的跨国企业越来越倾向于将部分中间投入品外包给其他国家的企业。从发包企业经营效益角度看,将部分业务交给其他企业,既能应对市场的快速变化,又能降低成本,从而保障自身核心业务的发展,当这个活动是在跨国界的情况下展开就构成国际外包。基于这个认识,国际外包可以界定为:企业某种产品(服务)生产过程内部特定工序或流程转移到另一国家(经济体)企业完成,从而使企业内部工序流程在原先价值链内部的协调转变为与无股权纽带的别国企业之间的市场交易。这个企业价值链管理的微观模式选择投射到产业的价值链平台上,其作用体现为使生产供应系统的投入产出价值增值关系在组织结构和空间分布上扩展为全球供应链或供应网,通过合同方式转移某些环节区段的活动或工作,在全球"寻源"(Sourcing)机制下,谋求供应链的最佳区位安置。因此,国际外包客观上构建了跨国企业在全球范围内非股权纽带模式的价值链。

承接外包企业的总体特征包括足够大的生产能力,比较先进的制造工艺,接包企业通过业务流程重组、供应链管理等措施来保证产品的高质量和低成本。对于这种方式的生产,合作双方互有所需,但对于发包企业而言,需要掌握行业标准和专利权来保持竞争优势,这个意图反映在当前跨国公司的全球战略取向上主要体现为"归核化"的战略导向。被外包出去的业务环节随着时间推移逐步增加,既应对日趋激烈的竞争,也因创新周期趋于缩短的技术发展背景而谋求集中更多的投入推进创新成果向商业化转化。

外包理论表明,外包模式的推行必须以交易成本较小或者趋于下降为基本条件。结合信息技术产业的技术发展动向,信息技术的持续创新对于信息传播成本降低作出了重要贡献,导致企业转移生产环节所需的交易成本不断下降,不仅包括通信便利而带来的通信成本的下降,也包括以半导体芯片为代表的核心组件的轻巧化,两个方面共同导致运输成本持续下降,成为交易成本不断下降的动力。因

此,信息技术产业内在的技术创新成果也是进一步加深该产业国际化深度的支持条件。

第二节 跨国企业离岸生产模式——
企业层面的机制分析

信息技术产业国际化进程在微观层面上的动力来自跨国公司的战略部署,具体动力落实到两个层面:一是企业对于国际化经营模式的多元化安排;二是由于技术可分性的提高而引致的产业组织模块化的趋势。这两种机制融合起来,在微观经济层面上表现为跨国公司发展离岸业务的经营形态,也是跨国公司母国与海外机构和关联企业形成经营纽带的具体方式。

一、基于价值链跨国安置的企业离岸化经营方式

发达国家跨国公司母公司作为产业内创新领头羊,通过建立海外分支企业或者与海外当地企业发展合作关系控制跨国生产网络,客观上构成价值链的国际化安置,因此对跨国公司经营策略而言,相关的投资和经营手段都属于在全球安置产品价值链的具体措施。结合当代跨国企业的生产国际化实践活动,我们可以归纳出6种国际化经营的离岸模式:外部直接供应商(Supplier Direct)、专属供应中心(Dedicated Center)、离岸合资企业(Joint Venture)、第三方供应(Third Part Suppiler)、BOT模式(Build-Operate-Transfer)以及离岸自控中心(Captive Center)。

根据跨国公司实践的实践,这6种国际化经营模式也可以称作企业的离岸经营模式,就实际运作的载体而言,既包括直接投资为纽带的跨国公司在发展中国家建立分支机构,也包括国际外包合约为载体建立企业外部供应链,实现生产的离岸和生产服务的离岸供应。发展中国家当地企业作为中间品供应商或者组装厂商以及服务供应商,是发包方主导的跨国公司全球价值链内相对低端的供应链主体。但双方的外包合约在企业与跨国公司之间的关系,部分体现为基于股权纽带的合作,部分体现为基于非股权纽带的合作。通过对6种模式的特征及其典型企业案例的阐述,我们可以对国际外包在跨国公司国际化战略中的地位以及外包策略实施过程中双方的合作形式与具体措施有一个比较全面的认识。

(一)外部直接供应商

该模式突破了传统意义上企业自建或者投资于其他企业的方式来控制上游产

品,是依托国际外包的非一体化的垂直型分工形式,发包企业得以充分获得外包带来的成本优势。除此之外,企业通过外包非核心职能而集中于关系到核心竞争力的主导业务,即获得"归核化"战略而带来的专业化利益。相关的供应商基本上掌握着比发包方企业更高的专业技能。企业采取这个外部供应商模式在长期内要考虑维持与离岸供应商的稳定关系,为了维持这个关系,企业需要雇用负责外包事务的经理,关注合作项目的责任义务和长期成本优化战略的目标管理。承接外包的企业外部供应商模式是目前信息服务外包中最为普遍的,业务范围从数据录入到呼叫中心直至高水平的 BPO 和 IT 服务协议,包括 GE、美国运通、Citi、Verisign、JPMorganChase,而与这些企业合作的供应商包括爱森哲、IBM 公司、Keane 公司、TCS、印度 Wipro、Patni 公司、WNS、SPI、Neusoft、Freeborder、EPAM 等企业。

(二)国际外包专属中心

国际外包专属中心也依赖于在发包企业(跨国公司)与接包企业之间的专门化外包服务的关系,其特殊性在于发包企业参与和主导推进外包业务的实体建设,相关实体的设备和基本设施还是属于发包企业,而外包供应商则完成发包商的专门性的外包合约。这个模式相比第一种离岸模式双方的技术合作更为深入。这类专属中心的外包业务要求外包合作双方共同分担风险,包括在某些情况下对于一些基础设施采取共同所有和租赁的关系。这个模式在一些大型的服务外包业务中非常活跃。例如,印度最大的服务供应商 Wipro 和 Infosys 公司都倾向于采用这个模式提供服务外包。这个模式中的发包方企业以技术设备等物质形态提供技术支持,双方的技术合作也更趋于平等关系,供应商与发包企业的技术势差相对较小。前者往往在一些专有技术上高度参与技术和研发活动,对双方的技术合作的贡献相对积极。双方根据客户需求对服务不断调整,在这个过程中服务供应商也通过需求的激励而拓展了服务的创新范畴,提高了自身的国际竞争力。

典型的例子就是 JPMorgan Chase 公司于 2002 年在印度的 Mumbai 设立的外包专属中心,该中心承担的职能包括产品研究、贷款运作以及与当地客户后续联系等。美国 DELL 公司于 2000 年在印度的班加罗尔设立的外包专属中心也是集中于技术开发与技术服务活动,该中心主要为 DELL 的客户提供一级和二级的技术支持。

(三)合资企业为载体的外包模式

跨国公司与其分支机构签订外包合约是国际直接投资为载体的一种外包模式。这类外包的承接方通过合资企业的股权纽带与跨国公司建立长期外包合作。区别于外包专属中心为特定客户提供服务的属性,这类合资企业则往往为多个客户服务。而且相关的外包业务涉及的资金流和财务问题在跨国公司内部大多与跨国公司母国的其他地区和其他职能部门的业务相互独立。这个外包模式最大的好处在于降低企业风险,因为在合资企业框架下,企业必须邀请一个离岸供应商作为它的合作伙伴,同时该伙伴也按一定比例分享外包的收益。这类合资企业可能是在两个或者多个全球企业之间组建的,也可能与发展中国家当地企业合作组建,前者往往服务于多个跨国企业(母公司),这一外包方式能大大降低供应商的启动成本和运营成本。而且,该外包模式目前的发展趋势是跨国公司母公司选择将业务已经被外包的职能部门分离出去,助推该部门与承接外包的当地企业组建合资企业。

　　这类外包的典型例子就是 Hyderabad 公司的组建。该公司是基地在印度的 Satyam 公司和美国 TRW 公司共同组建起来的合资企业,向全球汽车跨国企业提供 IT 服务。在双方合作的初期,由于 Satyam 公司负责企业的经营,因此外包所获收入中 76％归 Satyam 公司,而 24％的收入则归 TRW 企业。外包合约生效刚开始的 5 年内合同涉及金额达到 2 亿美元,服务对象是 TRW 公司和 Northrop Grumman 公司,该合资企业提供的外包服务包括企业资源管理、供应链管理、信息系统、电子商务应用和工程信息,这些服务属于企业内部相对高端的环节。在经营一段时间之后,印度 Satyam 通过购买 TRW 的股份而控股整个企业,之后企业采取的一个战略就是延长与 Northrop Grumman 和 TRW 汽车企业两个客户之间的外包合同,使后者都获得了长期合约。

(四) 紧密联系的离岸第三方供应商

　　这个模式是跨国企业与位于发展中国家的当地企业(第三方)建立密切的供应链合作的模式。作为发包方的客户往往具备了多年的国内外包的经验,出于成本战略而谋求供应链的跨国界转移,与海外经济体(一般是劳动力成本较低的发展中国家)结成跨国供应链的纽带,是企业外包在区位战略上的升级。承接外包的当地企业被客户作为建设高效与安全的供应链的合作对象,将供应链管理的一系列要求推广到与供应商的合约实施过程中。两者的合作关系体现为跨国企业不仅直接参与供应商的建设,而且也积极传授生产和管理领域的综合性技术和知识,这两个纽带形成跨国企业与发展中国家当地供应商之间的紧密合作关系。首先,如果第三方供应商是根据相关合约而在当地新建的,跨国企业(发包企业)则积极参与它的决策制订并提供人才支持,企业会派驻技术人员(工程师)到供应商企业对车间管理流程作现场监督,并干预企业从原料采购、产能调整到库存管理的战略制定并定期审核,围绕着外包合约的质量和稳定性,参与改善企业基础设施和设备安置等工作。其次,跨国企业给予供应商在技术、管理流程和专业人员上的支持,以保证企业所承接的外包合约获得从现场管理到流程优化等各个方面的配合,实现供应链在成本控制和库存管理上的最佳状态。

在这个过程中,当地供应商不仅获得产品相关的专有技术(在客户的准许下),也得到了客户方的相关专业知识和市场开发信息。因此,这个模式是企业离岸经营多元模式中与跨国公司信息和知识纽带最密切的一个模式。在合作过程中,通过示范、人员流动等形式的正式以及非正式知识转移,当地企业获得技术学习条件,有助于激发知识外溢效应。

这个模式的特点在于经济和政治风险都相对较低,对接包方企业而言,承接外包的过程被纳入跨国企业的供应链管理进程中,引发双方在生产技术和企业专有信息上的频繁沟通,有助于接包方获得隐性知识的转移。但该模式的缺点在于发包企业因此要承担较高的成本。爱森哲公司是这个模式的典型代表,该公司在中国和东欧部分国家广泛建立第三方供应中心,推动企业的外包业务。

(五) BOT 模式

这个外包模式是项目外包最典型的模式,整个离岸经营业务(包含经营实体)由一个核心离岸供应商全权来建立,等项目完成以后再转移到国外客户那里。现实中大部分情况是离岸业务的实体单位服务于一个特定的客户,保证外包业务的顺畅进行以及迅速移交。当离岸中心完成项目后就会连同人员和设备一起转移给国外客户。这个外包模式往往在工程外包领域中应用,而且其合作关系的特殊性在供应商转移项目之前,在实体内部管理和经营手段上基本上由供应商完全控制,较少受客户影响,而转移给客户之后合作双方则基本上不再有技术上的联系。

(六) 跨国自控中心模式

这是典型的"自己干"(Do it Yourself)的离岸模式。这是区别于传统外包以合约(非股权)为纽带的属性,以股权纽带建立自己外包业务实体的离岸经营。这个模式本质上是跨国公司以直接投资建立分支机构将生产职能加以内部化的方式,与外包活动所属的企业职能外部化形态呈相反的发展方向。这个策略适用于那些在发展中东道国通过投资或者其他渠道已经有了经济实体的企业,也适用于跨国公司作为投资战略下新建离岸自控中心的企业。这个模式的优点在于能够帮助企业获得成本效率和更加严格的质量控制。建立海外自控中心发展外包业务区别于上述五种离岸模式的特殊性在于:企业将相对核心的职能置于自控中心内部,这个模式涉足的业务属性在企业全球运营中处于核心地位,保证获得更大的利润空间,例如 IBM 的系统整合功能就是在 IBM 的自控中心内完成的。但是这个模式的缺点就是启动成本较高,学习曲线相当陡峭,风险较大。不仅如此,由于相关业务转移到海外,引起相关工作岗位的转移,使国内就业机会减少。

这个模式的另一个变化就是建立由当地多家供应商合作构建的离岸自控中心,邀请第三方供应商以不同方式参与到这类中心的启动和运营过程中。例如,Agilent Technologies 公司在印度德里建立的自控中心就是由一个供应商负责相关项目的劳动力培训,另一供应商则负责中心启动的运作过程。这个模式具备的优势体现为:首先,对企业质量、时间管理、过程、安全和数据隐私拥有完全的控制权;其次,控制发包企业专有的知识,不被东道国供应商获取;再次,总体上节约了企业的成本,自控中心由于纳入企业自营范畴,相比第三方供应商模式,不会产生由外部供应商来收取管理费用(Mark-up Charged by an Offshore Supplier),后者构成供应商的利润,这个结果可以带来成本的节约。但是也存在着另一种可能,即供应商由于专业化生产带来的规模经济效应、拥有当地知识以及拥有"专才"带来的好处,使得供应商收取的费用相比自控中心运作的成本为低,从长期看,前者带来的潜在利益对自控中心独立运营的成效下降效应也构成反作用力。从离岸自控中心的历史进程看,跨国公司的外包专属中心往往是一个重要的发展阶段。外包供应商将经营了多年的外包专属中心"出售"给客户,即将该中心的所有权转给跨国企业,使之成为跨国企业自营的离岸外包中心。许多离岸供应商倾向于这个发展方向,这样就不再承担可能随时失去合约的风险。Aetna AIG 目前自营的自控中心就是来源于早先离岸供应商设立的外包专属中心。

表 4-1 是对 6 种外包离岸模式的属性及外包业务相关的特征的一个总结。

表 4-1　　　　　　　　　　6 种离岸经营模式的属性和特征

离岸模式	界　定	成本优势	发包方控制程度	管理投入	运营风险	财务风险	规模经济可行度
直接供应商	与供应商直接签署外包合约	中等	中等	中等	低	低	高
专属中心	由供应商运作,设备归发包企业所有	中等	高	中等	低	低	中等
合资企业	供应商与客户之间分担投资收益与风险	中等	高	中等	中等	中等	高

(续表)

离岸模式	界　定	成本优势	发包方控制程度	管理投入	运营风险	财务风险	规模经济可行度
紧密联系的离岸第三方供应商	企业参与到离岸业务的实体建设中	高	低	中等	中等	低	中等
BOT 模式	供应商建立运营一段时间后移交给客户	低	开始中等程度,移交后发展为高控制度	开始中等程度,移交后程度提高	开始中等程度,移交后程度降低	中等程度	非常低
离岸自控中心	跨国公司自营模式(内部化)	低	高	高	低	高	低

二、离岸经营模式的差异化属性

上述 6 种离岸经营模式本质上归因于跨国合作双方在相关的价值链附加值实现过程中的主从关系,将其置于跨国企业国际化生产网络安排的视野下,体现出跨国企业对相关生产与经营功能环节上控制强度的不同。落实于具体的企业策略,6种离岸经营模式从相对松散的市场关系一直到高度紧密、风险共担的资本纽带关系,呈现出从价值链功能非一体化形态到一体化形态之间的变化。

根据"市场—企业"属性和控制强度的渐变对 6 种模式作一个归纳,见图 4-2。从左至右的发展顺序代表着从简单的市场交易关系到企业内部化运作的演变,企业与供应伙伴之间在资产和管理纽带的强度也相应提高。对应于前面有关企业外包决策过程中关于"自制"抑或"外购"的决策考虑,在这些模式之间也包含"外包"合约与基于直接投资的企业载体的结合。这个业务外部化与载体内部化交叉的情况往往涉及相对核心的业务环节,这种情况因此成为在资本纽带渐变形态上的特例。对上述模式的选择不仅取决于特定生产经营活动的属性,也取决于合作伙伴的要素拥有。

从跨国企业与本地企业之间的合作所有权纽带看,这些模式经历了从高度市场化到高度资产控制的多元化形态,后者承担的价值链环节也在这个过程中逐步从单纯的加工制造向系统组装或者参与产品设计活动发展,这个过程在电子通信产业非常常见,体现了价值链的区段安置从"企业边界内"到"企业边界外"的延展过程。这些模式的动态发展既有可能是一个企业就价值链特定区段的安置模式随着时间推移而次第推进,也有可能是一个企业在全球范围内同时发展多个价值链

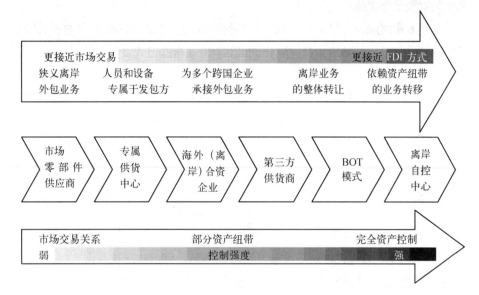

图 4-2 企业国际化经营战略的 6 种离岸模式

安置模式。

处于图中离岸模式行列最右端的离岸自控中心模式,也被称为全资自控中心(Captive Centers)。这个模式的特殊性在于跨国企业拥有完全资产控制权,因此它是具有资产(股权)纽带的离岸生产载体。根据离岸外包的界定,这类中心应归属于跨国公司内部的跨境外包,不属于狭义的离岸外包①。它与其他五种模式下的外包运行方式有着根本性区别。这个模式在跨国企业内部涉及的价值链环节,往往是增值程度较高的研发和新产品开发业务,体现了跨国公司的国际外包业务沿着价值链由低到高,逐步接近核心业务,并最终回归内部化方式的过程。但是这类自控中心因为获得母公司的注资和一定程度的技术转移,并从承接母国外包业务过程中获得外包管理和客户渠道,也开始尝试承接其他跨国公司的离岸业务,甚至是东道国当地企业的外包业务,逐渐成为非专属性的离岸外包中心,乃至开放式的外包供应商。在电子信息产业内,这类中心往往随着制造能力的扩大而从母公司剥离出来或者分拆出来,成为独立运作的国际外包承接公司,成为行业内专业优势很强的独立组件供应商或是委托制造商,部分企业已经发展为品牌商并相互结成

---

① 从离岸外包定义看,自控中心承接母公司外包服务不符合离岸外包在不同国家企业间发生的情况,因此不属于狭义的离岸外包,但是由于符合跨境的部分业务(工序)的转移,因此在相关文献中被归入广义国际外包的范畴。

紧密的联盟伙伴关系。

　　上述 6 种离岸模式的运作跨越了从外包到直接投资的国际化生产方式,即从非股权纽带到股权纽带的生产国际化。虽然双方在合作方式及其产业后续效应上存在着差异,但就最终支付结果看,6 种模式的国际经营活动最终都引致跨境贸易,不仅增加国际贸易总量,而且直接贡献于中间品贸易比重的提高。其中的跨国公司自控中心模式,其贸易结果也贡献于中间品国际贸易的扩大,但它是企业内跨境贸易的一种安排,不属于严格意义上的国际外包。

　　上述离岸经营的多元模式是由完全市场纽带下的一端跨越到股权纽带的另一端的国际化经营模式的完整序列,合作主体间的微观载体以及价值链治理模式也相应发生变化。同时,这 6 种模式涉及的生产工序体现为由跨国企业劳动密集型的工序到技术和知识密集型工序的转变,越靠序列左端越趋于加工和零部件生产环节,越靠右端的则越趋于研发和新产品开发环节。目前信息技术产业领域内的跨国研发联盟以及产品研发外包业务的迅猛发展正是这个趋势的反映,代表了国际生产体系内"非资产纽带"合作模式内在的生命力。这个动态特征使我们对于外包在"市场(外部化)vs 企业(内部化)"这对矛盾体下的资源管理和价值链组织方式变革中发挥的作用有更加深入的认识。

第三节　全球价值链与发展中
经济体承接外包

　　根据前文产业国际化模式的理论分析,无论是股权纽带的国际化模式还是非股权模式的国际化模式,其微观动力都来自跨国公司出于谋求"筹供"的最佳效率而采取转移企业价值链内部特定工序和环节的战略。这个行为在宏观上引致全球生产体系要素配置的优化。在信息技术产业内,由于国际市场多变的需求和技术创新不确定性的增强,信息技术产业价值链内部专业化分工的加深成为不可逆转的趋势。产业中任何一个大型跨国公司都无法独自承担大型技术突破的资金投入并承受风险,领先企业通过多种手段将一些非核心的环节外部化已经成为非常普遍的经营模式。行业内跨国企业战略的基本取向符合基于全球范围要素配置的价值链跨国安置。

一、产业全球价值链

　　从国际价值链的角度来剖析信息技术产业下企业的国际化生产,需要着眼于遍及全球多个区位的企业(企业群)之间的合作模式及其相互影响,相关的企业在相互依存的生产与经营活动中完成产品或者服务从概念到最终交付给消费者的全过程。因此,全球价值链的图景是由各环节下专门性(具有专门性资产的)企业的价值网络叠加融合而成,通常情况下包含从研发、生产、物流、营销和市场交易直至售后服务等环节。

国际外包是跨国公司近 20 年来继直接投资之后应对产业创新和国际竞争新趋势的国际化经营模式,对东亚经济体而言,是它们在出口导向战略下大规模利用跨国企业直接投资(主要是新建)基础上外向型经济日趋活跃的微观载体。作为非股权合作的一种形式,相比股权纽带的合资企业模式,国际外包立足于契约纽带更加灵活地参与跨国企业全球价值链。由于外包特有的灵活性特征,这个转变在全球制造业自身模式现代化进程中也对应于产业的"敏捷"生产、"柔性"生产和"定制化生产"为主的新趋势。对于发展中国家而言,承接外包在规模和产品范畴上的发展,导致其承接国际转移从早先承接发达国家相对成熟产业的整体性转移发展为承接发达国家处于上升发展阶段的新兴产业内部的局部环节,即"片段化"的国际转移。

我们将目前发达国家与发展中国家以外包为纽带的制造业国际化经营过程置于价值链框架下加以分析,可以抽象出内部各个主体之间的交易和合作关系,构成国际价值链的主体关系和结构示意图(如图 4 - 3),中间水平线的上层是发达国家企业,而下层则以发展中经济体为主体。这是对信息技术产业价值链"生产分离"形态的一个简单概括。

产业国际价值链内跨国界的外包(国际外包)同样也是信息技术产业(制造类)生产性区段和营销性区段之间最主要的合作纽带。由于信息技术领域创新成果推出的速度日益加快,以及国家包括基础设施改善而带来生产者服务的便利化趋势,产业内部的技术可分程度不断提高,在跨国企业要素(资源)"筹供"战略中的地位日趋重要。东亚地区的跨国公司分支机构和本地企业通过外包合约构建起行业中间品供应链以及价值链低端环节,不仅包含大量制造外包,还涉及物流等生产者服务外包,信息技术产业成为推动国际外包最活跃、创新最频繁的领域,也是国际生产体系变革的重要动力。

在发展中国家信息技术产业承接发达国家外包业务的实践中,比较典型的案例是印度承接美国等发达国家的信息服务外包。这是目前国际服务外包市场上发展中经济体承接外包非常活跃的一个领域。印度主要承接欧美国家在软件开发业务上的订单,除了为对方设计大量应用软件,也承担数据录入等企业(尤其是金融

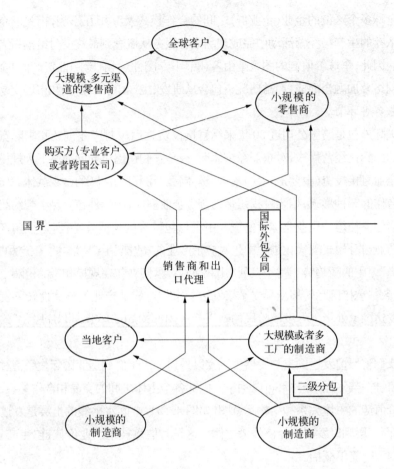

图 4-3　制造业国际价值链的结构示意图

资料来源：UNIDO，2002～2003，"Industry Development Report——Competing through Innovation and Learning"，2003，p. 107。

企业)后台数据处理的工作。而中国目前承接的国际外包主要还是制造外包，这类活动与沿海地区制造业"三来"形式的加工贸易有密切关系。后者既包括跨国公司母国与在华分支机构之间的委托生产，又承接母公司的加工生产订单，也包括在华分支机构(分公司或者子公司)进口跨国公司其他地区子公司的中间件，加工组装后直接出口，这些活动都贡献于中国中间产品进出口，在统计上归于加工贸易。但是，这些活动不属于严格意义上的离岸外包[①]，而是归于离岸生产范畴。可以说，

---

①　狭义的离岸外包是指双方分属不同国家的企业，接包方企业承担另一家企业价值链内特定的工序(环节)，因此在华跨国公司承接母公司转移来的制造加工活动从严格意义上不属于离岸外包，而是跨国公司国际投资战略的一个形式。

离岸生产包含离岸外包,但是离岸外包不一定就是离岸生产。

东亚承接外包的企业在这个过程中因为与合作方的知识与技术的互动而激发学习效应。因此,国际外包带给接包方发展中经济体的作用需要我们用不同于传统分工理论的思路加以认识。在外包决策的微观实践过程中,特定产业的属性,企业的发展阶段和跨国公司竞争优势取向都是影响外包抉择的重要因素。

二、价值链功能环节"外部化"与发展中经济体当地产业

信息技术产业的跨国生产网络内欧美企业与发展中国家当地企业的合作基本上呈现成本导向下的贸易与跨国投资活动,21 世纪以来,跨国公司"外源化"战略的具体策略在直接投资与外包之间呈现消长关系,外包策略在跨国企业经营战略中占有越来越重要的地位,尤其在东亚地区的发展中经济体表现活跃。基于外包纽带的生产国际化模式已经深刻影响到东亚地区以发展中经济体为代表的信息技术产业组织形态,并由此产生一批特殊的企业。

以外包为纽带组织跨国企业产品价值链安排,本质上是"外部化"方式的国际经营,对比通过直接投资纽带的价值链安排,是产业"一体化"的反向发展。如果企业对于资源(投入品)筹供全部整合于企业内部,就形成"一体化"形态的价值链;如果是通过外部筹供的方式实现,被称为"逆一体化"(disintegration)模式。结合东亚电子技术和计算机产业的国际化生产形态,"逆一体化"的微观载体基本上集中于 OEM(Original Eqipment Manufacturing, 原厂合约制造)制造商与 EMS(Electronics Manufacturing Services,电子制造服务商)厂商。OEM 制造又称为原厂委托制造,迄今为止是信息技术产业全球品牌商进行生产转移最重要的模式。在这个模式下,一方是已经有相当知名度的企业(一般是大跨国公司),而另一方则是经过跨国公司挑选的符合跨国公司技术要求的产品制造厂商,被称为 OEM 厂商。跨国公司作为 OEM 合约的买方将所有的技术规格要求制造厂商,后者根据规格要求和质量标准生产整机或者主要零部件,或按照要求对产品进行加工,贴上跨国公司的品牌在本地市场或国际市场上销售。这个方式从最终产品交付的角度可归为加工贸易活动,是发展中国家在产品知名度不高的情况下实现国际化生产的主要途径。

OEM 厂商与 EMS 厂商都属于信息技术产业内外包接包企业,但是,EMS 厂商相比 OEM 企业涉足的价值链功能更加宽泛,承担产品设计阶段之后的所有业务。OEM 企业主要是 IT 产业内成熟产品和零部件的供应商;而 EMS 厂商则跨越制造和设计环节,为发包的跨国公司承接整体的生产和后续技术

服务。

　　根据两类外包载体的业务活动在企业属性和国别属性上的特征,我们可以从两个维度来理解跨国企业组织价值链的筹供战略采用的方式,见图4-4。一个维度是地理距离,用横轴来代表,中间的虚线代表国家边界,左边代表一国边界内,右边则代表国界之外;另一个维度是价值链相关工序的组织以企业内部模式或者"外源"模式实现(一体化和逆一体化);图示中的 OEM 和 EMS 作为外包模式的主体,处于横向的中间线之上并跨越纵向的中间线,表明外包是相对于发包企业边界之外,既可以通过企业间(远程)模式实现也可以通过企业内部的方式实现。影响这个抉择的因素除了跨国企业的整体竞争力战略之外,还有价值链制造环节与其他环节之间的服务连接成本的大小。

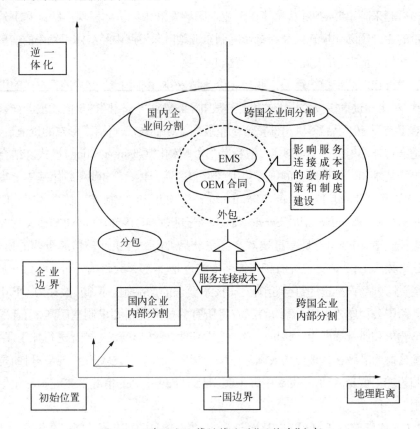

图4-4　跨国企业筹供策略的"两维度"分析

资料来源:根据 Fukunari Kimura & Mitsuyo Ando, "Two-dimensional fragmentation in East Asia: Conceptual framework and empirics", *International Review of Economics and Finance* 14 (2005), p. 319。经作者修改。

　　这个图形描绘了跨国公司外部化筹供战略的具体选择以及在两个维度下的形态,再将直接投资与外包两个跨国企业筹供策略置于企业"一体化"战略下加以对照,可以看到无论是沿着"逆一体化"维度的工序环节安置还是沿着地理维度的区段安置,都高度依赖于区段之间服务连接成本的水平。服务连接成本的大小,对于企业筹供战略在直接投资与外包策略之间的选择是一个重要影响因素。除此之外,当地产业宏观环境也是影响企业在两个模式间具体选择的重要因素。过去20年网络技术领域的突飞猛进,对企业降低服务成本带来积极影响。不仅如此,东亚地区发展中经济体政府推出的一系列政策旨在培育有助于降低服务连接成本的环境,而大企业自身的科技技术和管理技术创新投入也围绕着提高沟通效率和降低协调成本。在信息技术制造业领域已经形成日趋成熟的"模块化"制造方式创新,这个创新手段大大提高了外包策略的可行性,同时企业也致力于价值链内部各环节"无摩擦"对接,包括"实时生产系统"(Just In Time,JIT)、"供应链管理"(Supply Chain Management,SCM)和价值链管理(Value Chain Management,VCM)、精益生产(Lean Production,LP),以及供应商管理库存(Vendor Managed Inventory,VMI)等等,都得到了广泛应用。这些技术手段和管理模式上的创新极大地促进了服务连接成本的下降,为跨国企业国际供应链的顺畅运行创造了积极条件。

　　图形中的地理距离维度表示,企业与其商业伙伴的地理距离越近,服务连接成本就越小。在外包模式的国际化生产中,服务连接成本包括搜寻潜在的商业伙伴、咨询产品的具体规格,处理合同纠纷,以及监督商业伙伴所发生的成本。总结这个图形,跨国公司开展跨国的筹供活动引致的服务连接成本和相应的政策导向与措施之间的关系如表4-2所示。

表4-2　　跨国企业筹供策略的服务连接成本与政策导向的"两维度"分析

	生产区段之间的服务连接成本	影响各个生产区段内生产成本的政策导向和措施
沿着地理距离的维度	随着地理距离缩短而降低服务连接成本	增强与外包活动相关的区位优势(促进产业集聚)
	需要的外部条件:交通和通信设施的发展;促进有效率的分销部门,贸易促进,协调成本的削减等	相关的政策措施:培育经济环境实现有效利用工资水平的优势,以及资源的利用;降低电力等基础设施服务的成本;促进有利于技术转移的能力建设等

（续表）

	生产区段之间的服务连接成本	影响各个生产区段内生产成本的政策导向和措施
沿着生产工序组织"逆一体化"路径的维度	服务连接成本降低,原因在于区段之间失去控制或者"交易成本"的降低	推动"逆国际化"优势在实践中推广
	需要的外部条件:降低搜寻潜在商业伙伴的成本;降低监督商业伙伴的成本;增强合同的公平性和稳定性,增强纠纷解决机制,建立强有力的法律体系和经济机构等	相关的政策措施:在吸引外国企业同时促进本国企业的繁荣,以保持潜在商业伙伴的多样性;增强支柱产业;建立灵活的法律体系;允许多样性的合同;克服信息不完全问题等

资料来源: International Production and Distribution Networks in East Asia: Eighteen Facts, Mechanics and Policy Implication, Fukunari KIMURA, Asian Economic Policy Review (2006)1, pp. 326~344,339.

影响跨国公司选择外部化策略的另一个因素是发展中东道国政府对要素市场的干预政策。由于信息技术产业的国际价值链更多地体现为生产者驱动型的国际供应链,因此影响劳动力市场组织效率的制度安排和政策取向对企业经营绩效影响很大。由于东亚发展中经济体内存在着要素市场内部差异大、流动性弱以及与出口相关的激励政策的地区间差异大的特点,各地政府需要协调劳动力市场政策和贸易政策以降低跨国服务连接成本。

外部化策略的选择同时也影响当地产业的产业集聚发展趋势,在跨国公司筹供战略推动下的生产网络内,跨国企业通过外包转移出去的生产活动在东道国本地的区域性集聚特征非常突出。通过实地观察,东亚经济体信息技术产业承接外包的当地企业在一国内部相对集聚的趋势越来越明显,这个趋势实际上与跨国公司全球区位战略引致的政策倾斜密切相关。由于特定区域战略倾斜而获得大量有助于承接离岸业务的条件,导致服务连接成本的下降;而服务连接成本的供应通常具有规模经济特征,当特定区域的政策降低了企业国际化经营需要的服务连接成本之后,相关企业会被引入到该区位;需求扩张导致的潜在市场规模导致服务连接成本逐步降低,进一步吸引价值链相关区段的企业载体在这里集中,因此政策倾斜与集聚模式之间构成正向反馈。

三、价值链的非均衡性与发展中国家企业的分工地位

跨国生产网络的顺畅运作和组织形态高度依赖于企业之间和企业内部交易的组织模式以及治理模式。价值链的治理结构理论上包含四种形态:市场型、网络

型、准层级型与层级型①。根据目前信息技术产业国际生产网络内的产业组织形态，我们可以归纳出四个企业群体：旗舰企业（及其分支机构）、承包商（也称为合同制造商，包括与旗舰企业合资的企业）、供应商（零部件供应）以及其他分散的服务供应商。由于信息技术产业兼具生产者驱动与购买者驱动的双重特征，因此，旗舰企业是掌握技术原创与品牌声誉的"双高端"的企业，占据产业跨国网络内的主导位置；合同制造商则以市场渠道和强大的生产组织能力而成为产品制造环节的领导者，这类企业和旗舰企业在行业中数量少，规模大；而外包供应商和服务商则为数众多，彼此竞争激烈，与合同制造商发展外包纽带关系中处于被动地位，在利润分配结构上也高度不对称。因此，这个产业的价值链治理结构比较接近于准层级型。

作为网络中核心主体的旗舰企业，一般是拥有行业内知名品牌的企业，拥有系统整合能力与不可复制的品牌声誉，而占据价值链最核心的利益格局，是控制整个网络的中心企业。旗舰企业进行战略决策和进行组织管理的资产一般是行业内的重要资源，这类企业的核心优势来自对上述这类资产的控制以及协调不同网络结点之间知识交易和交流的能力，它的战略往往直接影响行业其他企业的成长和战略方向。而供应商企业则是包括专业化供应商和转包商等价值链低端参与者的企业。

早期的产业网络的基本形态是旗舰企业和供应商为主体的双层结构网络，旗舰企业会在多个地区不断寻求或新建不同的供应基地，并且通过支持发展中国家当地企业的升级来推动网络内生产基地的建设，保证实现网络内的国际供应链。但是随着旗舰企业战略的动态发展，对网络内供应者的要求不断提高，对后者的要求从生产功能延伸到独立开发工艺流程、零部件辅助设计、部件采购（Component Sourcing）、库存管理、包装检验和长距离物流（Outbound Logistics）。在这种情况下，合同制造商应运而生，不仅成为承接旗舰企业和发展中国家供应商之间的纽

---

① 四种价值链治理形态的特征分别是：(1) 市场型（Market）：在这种价值链治理结构中不存在治理者，处于价值链上的企业是一种纯粹贸易关系，彼此之间不存在任何的隶属、控制等关系。(2) 网络型（Networks）：由具有互补能力的企业组成，企业之间是一种平等合作关系。各方共同定义产品，并在全球价值链中分享各自的核心能力。(3) 准层级型（Quasi Hierarchy）：在这种价值链治理结构中，价值链治理者通过规定产品的各种特征、制定工作流程等方式对其他企业实施高度控制。准层级意味着以下两类企业间的关系：一类是法律上虽然独立但要从属于其他企业的企业；另一类是在全球价值链中制定其他参与者必须遵守的规则的主导企业。(4) 层级型（Hierarchy）：这种类型的全球价值链内的企业在产权上是一体的，通常由跨国公司及其分支机构组成，主导企业对全球价值链上的某些运行环节采取直接的股权控制，参见：Humphrey. John & Schmitz. Hubert, "How Does Insertion in Global Value Chains Affect Upgrading in Industrial Clusters?" *Regional Studies*, 2002, (9).

带,而且还起到了联系和集成行业内价值链中高端环节核心要素的作用。合同制造商有的是从旗舰企业内剥离出来的企业,有的则是一些专业供应商升级而成的,这些企业不仅掌握垂直方向关联对应的网络,也具备发展水平型关联纽带的能力,因此成为行业内次级网络的领导者。目前行业内大型合同供应商每一个都具有"全球触角",触及跨国价值链内从产品设计、制造、售后服务到维修等多个节点。在地理区位上重点联系具有成本优势的纯供应商群体所在国家,成为它们的外包经营商(一级发包商或者总包商),构成该产业国际生产体系特有的"网络中的网络"的形态,这个结构使得旗舰企业价值链不仅从宏观上推动了国际产业转移的进程,也是这些合同制造商维持高利润水平的战略取向。

在过去 10 年内,信息技术产业主要的电子合同制造商经历了业务范畴和组织方式的转型,大多从 OEM 厂商发展为 EMS 厂商,无论是销售业绩还是创新能力都是行业中佼佼者。

其中比较典型的 EMS 有 5 家,占有行业内超过 2/3 的市场份额,分别是:Celestica、Flextronics、Jabil Circirt、Sanmina/SCI 和 Solectron,总部都位于北美地区。由于这几家大型的 EMS 构成了接近垄断特征的市场结构,导致该产业的发展形态高度依赖于这几家企业的经营战略,这些企业能够较容易地集中行业内的高级生产要素并在生产外包网络中发挥主导作用,在该产业国际生产体系组织产业链分段安置过程中发挥枢纽作用。它们因为具备全球制造能力和供应链管理的专长而与品牌商形成长期而高度紧密的关系,使后者实现整个制造效率的最优。例如,Celestica 是 NEC 集团长期合作的 EMS 厂商最早是通过收购 NEC 在日本的Miyagi 和 Yamanashi 两家技术先进的制造企业而发展起来的。目前它承担的功能是管理 NEC 供应链,以及为 NEC 主要光学产品及宽带接入设备进行次级组装、最终组装、集成和测试工作。目前 Celestica 公司与 NEC 之间的合作已经从产品组装业务扩展到技术服务领域,成功地为包括 NEC 在内的全球品牌商提出低成本供应链的完整解决方案。

上述 5 个全球最大的电子产品 EMS 厂商几乎每一家都呈高度国际化经营,通过新建投资和收购手段建立网络内承担生产和服务功能的"要件",构成跨国公司整个国际网络下的"次级网络",主要包含以下部分:(1) 处于价值链低端的零配件的生产基地,大部分位于亚洲、东欧和墨西哥;(2) 以中等规模生产高端产品的基地,集中在加拿大、美国、西欧和日本;(3) 工程技术含量高的"新产品引入中心",这类中心一般被安置在离重要客户的设计活动较近的地方;(4) 完成最终组装和根据订单要求对产品外形进行最后处理的工厂,一般是位于交通枢纽地区,例如美国的孟菲斯地区等。在这个环节,企业采取的战略往往是跨国一体化和当地化(本土化)战略的结合,一方面通过与当地加工企业的合作进行产品的最终组装、集成与测试,完成整个制造环节并与全球市场销售环节相衔接;另一方面也为品牌商根据其全球网络战略提供各种供应链管理解决方案,以及承担材料采购和管理职能。

目前,旗舰企业、合同制造商和供应商构成产业内跨国生产网络的三元主体,他们各自的优势和区位特点如表4-3所示。网络内以具有国际品牌的跨国旗舰企业为核心,通过国际投资和对外发包等纽带建立起与合同制造商以及供应商的生产和技术关联,构建以价值链"模块化"为机制的跨国生产网络。在IT制造业内,IBM和英特尔公司是最典型的旗舰企业,以它们为核心的生产网络在全球的合同制造商和供应商实现了从技术原创到产品开发、生产加工、组装、分销直到售后服务各个价值链区段的全球安置。

表4-3　跨国生产网络内三大企业主体的竞争优势、功能和区位布局对比

企业类型	主要竞争优势	主要功能	全球区位布局
旗舰企业	全球知名度;创新能力	销售全球性品牌,并通常将产品设计和生产环节外包出去	集中在美国和欧洲发达国家
合同制造商	零部件采购;设计、开发和工程技术;全球性的通道;网络协调	为品牌商非核心环节的转移提供一体化的服务和全球性供应链组织与协调	集中在美国和日本等发达国家及其在发展中国家的部分分支机构
供应商	劳动力成本优势;模仿和学习能力	根据外国客户要求以合同制造方式生产配件或终端产品,有些专业供应商也提供设计等知识支持服务	集中在亚洲发展中国家

资料来源: Shahid Yusuf, M. Anjum Altaf, Kaoru Nabeshima,中国社会科学院亚太所翻译:《全球生产网络与东亚技术变革》,中国财政经济出版社2005年版,第39~44页。经作者整理。

四、全球价值链内发展中经济体当地的产业集聚

根据前面论述的发展中国家参与跨国公司全球网络的模式,我们进一步分析发展中经济体当地的产业发展特点。可以看到,本地企业通过承接外包不断学习,其中部分企业不仅具备了承接组装和制造的能力,而且应客户要求提供产品设计。该过程一方面推进了企业的升级,另一方面有助于企业提高谈判地位,增强与客户讨价还价的能力,并获得在整个产品附加值中更高比例的份额。不仅如此,伴随着这个进程的是发展中经济体积极推行人力资源和技术创新的财

政扶持政策,为培育本地稀缺要素发挥了促进作用。东亚大部分经济体都将信息技术产业置于工业体系的重点发展领域,在产业政策和外资政策框架内给予高度关注,相关产品和技术被列入外商投资产业目录鼓励类产业,给予税收优惠政策,无论是外商投资企业还是本地企业都能得到不同程度的扶持手段。这些优惠和激励政策往往在空间上集中在各类工业园区和开发区而呈不均衡状态,园区汇集了各类财税倾斜政策,而且给予外资企业更优惠待遇。信息技术产业跨国公司的分支机构以及被纳入到跨国公司网络内的本地供应商大多集中于东亚各国的出口开发区(或者科技园区和开发区)。例如,新加坡的"智慧岛"、中国香港的"数码港"、中国台湾的"新竹科学工业园"和建设"绿色矽岛"计划、马来西亚的槟榔屿"多媒体超级走廊"和菲律宾的"信息技术园"等。其中中国台湾已经将"新竹科学工业园"和建设"绿色矽岛"作为台湾第一流的区域技术创新体系和中心。

上述趋势使得产业的国际价值链的区段安置呈现"分散"与"集聚"并存的格局。一方面,在全球跨国生产网络内各个节点(经济体以及经济体内相关区域)基于自身的要素结构承接的生产与加工活动构成跨国企业价值链区段,客观上是相关产业"片断化"产业转移在发展中东道国的结果,而东道国在要素结构上的动态发展以及创新推动的产业技术升级,引发其所承接的价值链功能呈现阶梯式上升的动态性演进,不仅沿着价值链附加值阶梯上升,也沿着 OEM 到 OBM 阶梯以及从供应商到合同制造商阶梯的提升。这个进程实现跨国公司主导网络和次级网络之间在生产和技术关联形式上的发展,以及技术扩散效应的扩大。另一方面,在价值链次级网络内,发展中国家的供应商以及相关的外围生产企业(例如配套设备供应企业)在空间上的集中趋势日益明显。在当地构成的产业集群基于自身"专有资产"的属性而成为跨国公司网络节点与当地产业的重合点。这个格局的动力机制来自大量同类企业集中构成的竞争效应,在原料采购和其他配套资源使用上的规模效应,以及地区性创新资源集中投入而构成的区域创新外溢效应。

电子信息产业全球生产网络在东亚地区"集聚"的另一个特点是相关的生产要素结构呈现分化趋势。这是跨国公司区位战略与东道国本地产业政策结合发挥作用的结果。根据要素和价值链的特点,可以将目前东亚地区产业集聚形式再细分为两种类型:一类是依托供应商劳动力资源而实现的"成本和时间减少中心",另一类则是依托拥有独特资源的机构(包括发展中国家某些高度专业化的研发机构)而形成的"卓越研发中心"。这两类中心在产业内以 IT 产品为代表的产业价值链的动态演进中发挥的作用有所区别。前者更加注重在地理区位上靠近最终产品市场,主要体现在消费类 IT 产品的地理扩散进程上,因此中心的区位发展较多且变化快;而后者则由于独特的"专有资产"而相对稳定在部分经济体中。例如,个人电脑的国际生产网络内,位于美国的技术原创国为旗舰企业以及近年来新崛起的一家中国台湾企业(威盛科技),形成提供微处理芯片的优势,该地区集中承接行业内价值链的核心环节业务;而键盘、电脑鼠标和电源开关等零部件生产加工活动则高度分散在包括中国在内的亚洲、墨西哥和东欧等国家,成为行业内的"成本和时间减少中心";内存和显示设备等技术相对复杂而且以设计密集型制造活动为模式的组件,则集中由日本、韩国和新加坡等地提供,相关企业构成"卓越研发中心"。精密度越高、设计密集度越高的零部件所代表的模块,在产业的全球生产网络节点中的集中度越高;反之,则在地理区位上呈分散特征。

　　马来西亚槟榔屿州的 IT 产业集群是东亚经济体成功融入产业国际生产网络的一个典型例子。这个地区的专业化集群由于在垂直分工格局上的特征而被称为"一体化"式的 IT 制造中心。这个地区的政府不仅仅着眼于向国外企业提供优惠于本土企业的投资鼓励措施,而是积极寻求一种对产业更为有针对性的途径:将鼓励措施与促进一体化制造业中心的发展直接挂钩,吸引全球旗舰企业投资,从而推动槟榔屿的"某一特定产品的整体业务链条"。这种措施旨在使槟榔屿集群从单纯进行装配和测试业务,升级到提供知识支持性服务。这些知识支持性服务,通常包括了诸如销售与市场推广、改装工艺和加工技术、融资计划乃至设计和开发等研发目标。表 4-4 罗列了世纪之交槟榔屿地区获得的外资项目以及涉及的产业转移的内容,从中我们可以看到该区域在参与产业国际化进程获得产业集群发展的动力。

表 4-4　　　　　1999~2001 年跨国公司在马来西亚槟榔屿的投资项目

年份	企业和投资项目	产业转移的标志性事件
1999	Komag 公司:全球最大的薄膜盘片供应商	把除了研发、销售和市场推广以外的美国业务转移到槟榔屿
2000	戴尔电脑:个人电脑、服务器和存储产品	将槟榔屿建设成为亚太地区接单生产中心的项目①

---

　　①　实际情况是一年以后,戴尔公司将其针对日本市场的台式电脑生产线进行重新部署,将原属槟榔屿的生产转移到中国厦门,并且将厦门作为戴尔整个产品线在中国的唯一工艺基地,槟榔屿的两个工厂仍然是戴尔在其他亚太地区接单生产的出货中心(台式电脑除外),这个转移给当地产业发展带来一定的负面影响。

(续表)

年份	企业和投资项目	产业转移的标志性事件
2001	昆腾：硬盘驱动器	计划将整个数字线性磁带生产转移到槟榔屿
2001	英特尔：计算机芯片	对于嵌入式 8 位处理器，槟榔屿涵盖了价值链的所有环节，其中包括芯片的主板设计
2001	摩托罗拉：软件	摩托罗拉的软件中心位于槟榔屿，并且 MSC（摩托罗拉软件中心）获得了 ACI(美国认证协会)颁发的 5 星级认证

资料来源：Shahid Yusuf, M. Anjum Altaf, Kaoru Nabeshima 编，中国社会科学院亚太所编译：《全球生产网络和东亚技术变革》，中国财政经济出版社 2005 年版，第 120 页。

在这个地区来自美国的合同制造商旭电、Sanmina/SCI 以及捷普集团，都有投资项目，对当地的产业升级带来一定的贡献。与几年前相比，当地生产厂商的装配技术，特别是应用于印刷电路板的多级表面贴片技术已经变得越来越精密。而且集群对当地产业结构转型带来影响，表现为生产者服务企业的显著增长，这些服务包括电子和机械设计服务、全球性测试服务、印刷电路板设计服务以及详细的制造工艺研究服务(诸如高级制造技术研究)。这些服务为制造业快速提升到大规模生产阶段，提供了从产品开发到物流的服务解决方案。这些服务行业的发展为当地企业，尤其是承接 ODM 制造的企业扩大以电子设计为代表的知识密集型的业务有显著的积极作用。

在积极吸引来自品牌商和合同制造商的投资项目的同时，槟榔屿当地也致力于发展光电技术产业集群，与前者外部技术投入和扩散相结合，构成调动国外和国内多层次的知识和资本资源紧密结合的模式。例如，槟榔屿开发有限公司积极开展与中国台湾等地区的技术合作，旨在学习台湾的经验并且开展合作计划。"槟榔屿光电技术产业协会"也对促进当地与美国企业合资项目发挥了协调作用，是落实产业政策的主要载体。

第五章

信息技术产业国际化
进程中的技术升级

对于信息技术产业的技术升级问题,重点在于考察技术相对后进的发展中国家通过开放获得技术积累并提高国际竞争力的路径和机制。因此,我们应用前文的价值链理论和发展中国家开放条件下技术进步的分析视角,重点从价值链功能升级的角度来阐述产业技术升级的形态,并结合前文论述的产业国际化的微观机制,探索该机制引发的技术学习机制以及后续的技术外溢效应,从而对发展中国家实现技术升级的微观机制、内在路径和形成条件综合分析,并考察国际化生产的多元微观模式下技术后进经济体实现技术升级的机制,以及影响升级的多种因素。

第一节 技术升级的宏观形态——
国际化生产的发展阶梯

产业技术升级的概念是相当宽泛且具有动态性的,从产业层面上看,体现为产业通过技术范式的更新,推动整体生产要素组合的高级化,实现更高的增长率与利润水平;而在企业层面上看,体现为企业通过内外部多元要素筹供渠道,形成业务的附加值提高,进而提高综合竞争力。本文的技术升级更多地应用企业技术升级的内涵,结合国际化生产模式的动态特征,阐述技术升级的形态。

根据信息技术产业全球价值链"生产分离"的特征,一个无法回避的事实是发展中经济体长期以来处于价值链的低端,是发达国家领先企业实现简单技术的中间品和产品组装环节的"筹供"外部化的对象。这是发展中经济体相关企业通过直接投资和长期外包合约方式参与到跨国公司主导的国际生产网络中的必然选择,客观上也构成发展中国家企业获得技术进步的外部动力。

一、发展中国家在全球价值链下技术升级的理论内涵

根据前文价值链理论视角下的产业国际化微观机制的论述,结合信息技术产业的动态发展特征,我们首先对发展中经济体实现技术升级的内涵与形态作一个理论疏理。

企业技术升级的理论研究,国际上分成两大学派。一派关注企业核心竞争力(Hamel, G. , & Pralahad, C. K. , 1994)。这个学派关注企业为最终消费者提供所需价值的能力,提出企业核心竞争力来自两个方面的动力:一是企业独有的竞争优势不断强化和积聚,二是企业采取将不符合市场价值和不具备独有竞争优势的经营环节剥离出去。所以,企业升级很重要的一个任务是不断从过时的专业技术领域退出。例如,美国德州仪器公司(TI)从 20 世纪 80 年代中期到 90 年代中期的升级进程,就是一个典型例子,早期它是世界上最大的半导体厂商,客户对象从一般消费市场到国防部门和军事部门,后来将相关的国防业务出售给 Raytheon 公司,自己则着力发展手提电话产品,之后又把笔记本电脑部门卖给宏基公司,把内存条技术卖给微软公司(波特、竹内广高,2002)。

另一个学派则以企业动态能力为研究思路(Teece & Pisano, 1994),强调企业利润只有通过发展企业的动态能力才能获得,获得这个能力的途径包括两个层面:一是体现为企业内部的改进型学习过程,有助于完善企业内部生产流程;二是体现为企业参与区域与国家创新系统而分享到创新成果,从知识形成与创新管理源头上谋求创新资源(Nelson,1993)。

结合前面第二章论述的全球价值链理论,对于技术升级的理解重点应落实到具体的路径上,这是本书研究产业国际化形态下技术升级的主要视角。

当代世界生产体系变革的一个重要趋势是,新产业发展或新产品研制初期就启动国际范围的分工布局,产品价值链的分解带动了生产分离和各生产点专业化,并形成了价值链上各个环节在全球的功能性布局。行业内技术领先的发达国家跨国公司实现了从生产商到品牌经营者的功能提升,这个过程伴随着在自身业务组合中不断剥离出局部的功能环节,构成其外部化生产经营战略。这个过程对于发展中经济体,则成为其在国际分工下的国际化生产模式。从价值链附加值完成的过程而言,虽然两者之间是相互依存的关系,但是从产业价值链治理形态看,发达国家跨国公司对整个价值链附加值的实现享有主动控制的地位(Humphrey & Schmitz, 2002b)。根据对东亚经济体国际化生产实践的总结,跨国公司采取外部

化生产经营模式的具体载体包括从委托组装(Original Equipment Assembling, OEA)到委托制造(OEM),再到委托设计制造(ODM),直至自有品牌制造(OBM)四个类型。上一章已经介绍了OEM模式在跨国价值链内的作用,这个模式与ODM和OBM一同构成了发展中经济体作为跨国公司外部供应商与跨国企业开展合作的载体,是信息技术产业全球价值链下中间品和最终产品制造"生产分离"的实现手段。

根据上述四类国际化生产模式的特点以及对参与方的要求,我们可以发现,发展中国家企业价值链下的功能定位也相应地从单纯制造环节跨越到品牌经营环节,并伴随着生产经营活动的附加值由低到高的变化。因此,我们以这四种国际化生产模式的形态为切入点,考察模式变化背后的价值链升级特征,从而揭示发展中国家在信息技术产业国际化进程下的技术升级。

二、发展中经济体在国际化生产经营模式下的生产特征

根据信息技术产业的发展实践,我们对各类国际化生产经营模式的生产经营特征和对参与主体的技术投入活动加以考察,从中归纳发展中经济体在不同模式下的国际合作方式以及技术能力发展的路径。

作为国际化生产层次最低的委托组装模式,一般是大部分发展中国家企业在承接OEM制造合约阶段之前经历的,主要是为发达国家客户进行生产配件和中间产品或者零部件的组装。OEM的供应方式一般要求跨国公司客户向承接方企业提供图纸和样品,并且主要在发展中国家的出口加工区内进行。OEM模式本质上是跨国公司与发展中经济体当地生产企业之间的委托生产(Contract Assembly)合约。在这个合约模式下,接包方依赖发包方获得进入国际市场的机会,对于过去几十年亚洲新兴工业化经济体扩大出口发挥了关键作用。

以中国台湾和韩国为代表的新兴工业化经济体在包括电子设备、IT产品和家电产业等一系列产业上的发展在很大程度上是依靠来自欧美企业的OEM合同,通过这个合作途径,强有力地扩大了本国、本地区的电子产品和计算机在国际市场上的份额,同时企业也由此获得进入国际市场的各类信息和相关知识,为提高企业综合国际竞争力奠定了基础。随着中国信息技术设施的完善和技术能力的提高,中国东南沿海的许多中小型信息技术企业通过承接OEM订单成为跨国公司的全球供应商,通过与国外企业或当地的外商投资分支机构签订加工或供货合同而获得稳定的国际客户订单。目前,中国企业的海外合作方基本上是中国台湾和韩国以及日本企业,产品领域覆盖笔记本电脑和手机行业。目前这一合作方式是中国

和这些经济体之间长期合作纽带最重要的载体。

当发展中国家本地生产企业完全掌握了产品的制造技术和工艺后,部分企业积极谋求参与产品的设计,随着技术能力的提高,管理水平的强化,向 ODM (Original Design Manufacturing)的合作方式发展,ODM 合约的买方仅仅是给予非常宽泛的规格要求,允许制造一方自行决定细节。随着本地企业的继续壮大,开始创立自己的品牌,与跨国公司的关系就从供应链关系向企业战略联盟阶段发展,形成了 OBM(Original Brand Manufacturing)方式的合作,当地企业经营自主品牌下的产品线。

以上这几种合作方式下,跨国公司与发展中国家本地企业合作紧密程度呈递增趋势,同时对本地企业的要求也逐步提高(见表 5-1)。

表 5-1　　　　　　　　外部化生产经营模式的特征及其技术活动

	使用的品牌	价值链定位	与跨国公司的联系	企业的优势	技术提升效应	对本地企业的要求
OEM (Original Equipment Manufacture)	贴跨国公司品牌	生产制造或按客户要求加工	签订外包合同,属贸易关系	规模小、成本上的优势	获得标准化的技术	制造技术水平较高(大多为标准化技术)
ODM (Original Design Manufacture)	贴跨国公司的品牌	产品设计与制造(中端)	签订相关合约,形成联盟关系	成本和中低技术优势	更多的技术支持	具备对产品进行工艺性设计与改造,以及应用性开发的能力
OBM (Original Brand Manufacture)	使用自主的品牌	品牌开发,产品和功能设计,生产制造	形成协同竞争关系,有些构成战略联盟伙伴	规模大,创新能力强,具有市场、服务等综合优势	合作各方之间进行技术融合,分享技术创新成果	有较强的研究开发能力,与当地的大学和研究机构建立广泛的联系

OEM 制造是 20 世纪七八十年代亚洲新型工业化经济体的信息技术产业扩大出口的重要道路,为企业积累资金和发展全球市场趋势打下了基础。此后,部分中国台湾企业在此基础上积极开展与欧美和日本大企业的产品开发合作,成为一系列创新产品的合同供应商,并通过自身研发投入而逐步升级为与对方建立技术创新战略联盟,相应的国际化生产模式实际上成为 ODM 模式,并转而将组装和零部件生产转移到亚洲"四小虎"国家和中国部分地区的企业,由后者承接产业大部分中低技术产品的 OEM 制造。目前部分台湾企业在一系列产品上获得了市场知名度,转型成为具有自有品牌的企业,业务特征已经接近 OBM 模

式,但同时还保留着 OEM 生产,还有一些合同供应商则沿价值链横向维度延伸价值链,业务领域扩展至物流和其他高级技术服务以及一些创新的生产者服务职能,成为行业内通过"横向关联"战略具备市场声誉的合同制造商。这些企业为了保证服务功能的发展,也将制造环节作进一步专业化分工,二次发包给中国企业和一些东南亚厂商,它们对国外品牌而言是保障整条供应链完成产品价值实现的"枢纽"点。

三、发展中经济体在国际化生产模式下的技术能力"阶梯"

三种国际化生产模式下的合作双方虽然不存在股权纽带,但是相比一般市场合作关系更加密切和更加长久。通过对承接其分包业务的主要供应商转让技术和培训人员以及其他专业知识与信息的交流,跨国公司将这些生产商发展为国际化生产准系统内的合作伙伴,后者通过国际化经营也获得了技术发展和能力的提高。企业在三类国际化生产模式上的演进过程,不仅体现了承接外包方企业参与国际价值链相关功能区段的动态特征,也代表了接包企业与作为发包方的跨国大企业的合作关系从单纯供应商发展为协作伙伴。

根据三种国际化生产模式对企业业务能力的要求,非常理想化的演进状态是以 OEM 制造为起点,逐步通过技术积累将自身参与国际合作的劳动力成本低的优势提升为技术要素和智力要素代表的优势,进入 ODM 模式的国际化生产,并进一步获取市场和品牌运营资源,达到拥有自主品牌的 OBM 阶段,实现技术能力攀升的"阶梯"形态。

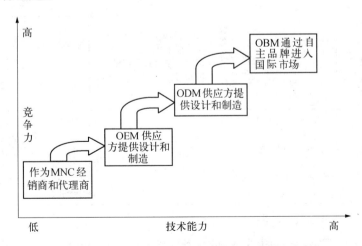

图 5-1 从 OEM 到 OBM 技术能力提升的阶段性变化

　　有研究表明,跨国公司与当地企业之间的合同关系或合作协定的期限越是长,它们之间经营活动之间的技术互补性就越强,所提供的投入就越是专业化,在这个过程中技术扩散的程度也就越高①。从理论上看,这四个阶段内含双方在知识和信息层面的逐步紧密,引发当地企业由此获得包括跨国公司直接技术支持(技术许可和技术设备投资等形式)和间接形式的各类技术资源,在辅之以公司自身创新努力的条件下,这些有形和无形的技术支持转化为发展中国家有效的技术学习效应。

　　OEM、ODM、OBM三种模式本质上都是以生产外包为载体的国际化生产的路径,因而一个重要的背景是制造组织方式的不断创新,当代制造业发展动向是,包括弹性生产和柔性生产等一系列新的生产组织方式越来越要求价值链的组织形态从一体化形态向非一体化形态转变,不仅激励着作为发包方的跨国公司转移技术,而且也为承接方的生产商分享产业共性技术的发展以及融合基于本土要素的技术创新带来有利条件。

　　针对各类模式包含的有形和无形的技术合作,表5-2从技术扩散的实现路径、供应商的技术能力以及研发活动三个层面归纳合作双方的技术扩散路径,并结合各个模式对供应商生产经营的要求,总结相应的供应商技术能力。

表5-2　　　　国际化生产各阶段技术扩散途径与发展中经济体的技术能力

	技术流动的实现途径	供应商自身的技术能力	供应商的技术(研发)活动
低技术产品简单加工	技术流动形态较弱	从制造加工中进行模仿,但没有系统性的学习	没有
OEM	在跨国公司提供技术转让、培训过程中提升制造能力和生产工艺,按照跨国公司提出的质量管理方面的建议提高现代化管理水平	具备和基本掌握相关的制造技术和工艺(大多为标准化技术),在规模、质量和成本控制上达到跨国公司的要求	很少
ODM	与跨国公司更紧密的接触中通过相互信息反馈,包含合作进行针对当地市场或国际市场新产品的开发,从中获得适应国际市场动态发展的技术	掌握较高的专业化或定制技术,并开始发展应用性开发能力	与跨国公司合作进行,同时企业自身开始发展与当地研究机构的联系,如供应商之间的俱乐部,与当地大学、研究机构发展技术开发上的联系

① 见联合国贸易与发展委员会:《2001年世界投资报告——促进关联》第4章,冼国明总译校,中国财政经济出版社2002年版。

（续表）

	技术扩散的实现途径	供应商自身的技术能力	供应商的技术（研发）活动
OBM	与跨国公司建立联盟，在高端环节进行合作开发或与当地关联机构合作，获得前沿技术	获得了自主知识产权或者具备"自我支持"的发展能力	有一定自主创新能力，为进一步提高竞争优势而与跨国公司进行协作创新

在 OEM 方式中，技术扩散的发生路径体现在两个层面：第一个层面是基于质量标准的生产技术要求。由于 OEM 合约要求供应商按照客户的技术标准和工艺要求进行制造和加工，技术流动的内容除了来自发包方的高度标准化的技术信息，还包含基于客户特定需要（定制化）的对产品加以调整的设计和开发活动，因此，接包方的技术活动也在一定程度上包含对原有产品的适应性改造，需要就产品生产工艺以及产品功能创新活动上给予技术投入，同时当地企业也会根据需求对产品进行技术设备的升级换代。这个过程带来的技术扩散主要体现为当地企业作为品牌商的供应合作方获得的制造能力的提升，除此以外的其他效应是企业内在管理水平的提高，包括企业在产品质量控制、成本控制、经营效率控制等方面按照客户要求进行安排的综合管理能力的提高等一系列间接效应，实现了来自"干中学"的管理经验；第二个层面在于企业自身的技术培训和"外脑支援"。例如，韩国 20 世纪 70 年代承接日本的微电子产品和半导体组件的 OEM 合约，获得来自日本方的专家派驻，这个合作带来的外部效应表现为本地企业员工对发包企业的研发能力的"学习效应"以及未来"二次创新"能力的培养。除此以外，企业也间接获得了进入国际市场的途径，由于企业使用发达国家已经成熟的品牌，在进入国际市场过程中的效率更高，风险也更小。

在 ODM 阶段，由于当地供应商已经通过"干中学"积累了较强的生产能力，开始发展在专业产品领域内比较先进的技术。与跨国公司的合作开始涉及技术开发，本地企业一方面建立大规模生产线，另一方面在新产品开发与设计以及适应性技术改造上加大投入，企业的技术提升得到有力的支持。随着当地市场需求的扩大，对创新产品需求提高，当地供应商在生产中拉长产品线的长度，或加深产品领域的深度，对增强企业的竞争力打下了基础。

在 OBM 阶段，当地企业的发展已经进入一个成熟阶段，在技术、管理与营销方面都有了很大提高,具备一定研究开发能力,这时,跨国公司基于信息产业内部专业化分工的特点和全球发展战略的需要,与当地企业进行广泛的研究开发合作,建立战略联盟,在核心技术方面分享技术和信息,共同创新。对当地企业而言,这个阶段的技术升级体现为对新兴技术的掌握和创新能力的培养,开始探索自主创新活动,当地企业与跨国公司在产业内部分工中达到了协作和竞争并存的关系,不再是单纯的技术上的依赖者。

这四个阶段的演进同时也包含了供应商自身技术努力的动态发展。中国外资激励政策的各类措施大都围绕着促进跨国公司对本地产业的技术转让,但是本地企业与跨国公司之间的技术差距对在此过程中的技术扩散效应有很大的影响,而本地企业自身的技术努力则会调整双方的技术差距。有研究表明,如果东道国大部分当地企业采取的技术与跨国公司的技术之间存在非常大的差距话,将降低各类合作方式中产生的技术扩散效应(Magnus Blomstroem & Ari Kokko, 2001)。因此,跨国公司与当地的供应商关联与技术扩散效应的发挥需要有当地企业不断的技术努力作保证。

四、国际化生产模式下企业技术升级的实现条件

发展中国家作为技术后进方通过前面阐述的国际化生产模式能够实现技术升级,但是这个过程不是简单地随着时间推移而产生的,有两个因素发挥重要作用:首先,跨国公司的技术扩散;其次,是本地企业(包括合同供应商和联盟合作伙伴)应对合作需求所做的技术投入。两者的结合推动技术学习效应转化为企业技术升级的动力。

在发达国家与发展中国家企业现有的要素差距格局下,产业价值链的跨国安置呈现相对稳定的格局,发展中国家企业总体上是产业的技术跟随者,基于劳动力优势处于产品价值链内相对低端的区段,但由此引发的生产和技术关联也带来了升级机遇,发展中国家竞争优势提升步伐总体上非常显著。在微观经济层面上,作为国际生产网络内 OEM 供应商的主体,发展中国家企业从 OEM 及后续模式的路径发展中获得技术升级的"杠杆"。其微观机制包含两个维度:一个维度是市场的扩张,另一个维度是技术能力。OBM 阶段通常是企业谋求国际价值链中盈利程度最大国际化经营方式,是发展中经济体在市场扩张和技术能力双重动力作用下才能达到的目标。结合信息技术产业的实践,从 OEM 到 OBM 的技术升级路径可以抽象为图 5-2。

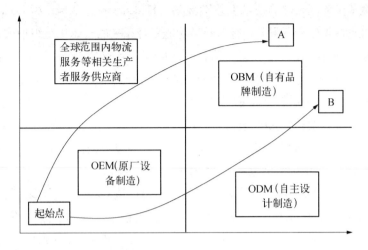

图 5 - 2　从 OEM 到 OBM 的技术升级路径

资料来源: UNIDO, 2002～2003, "Industry Development report—Competing through Innovation and Learning", 2003。

　　图示中的两条曲线代表企业从 OEM 的国际生产方式出发,最终实现自主品牌目标的发展路径,分别是路径 A 和路径 B,路径 A 是经由全球价值链下服务功能发展为载体的道路而到达终点的。

　　第一条路径,即路径 A 可以概括为企业经由物流和其他关联服务功能而实现升级。这条路径是以物流技术为主体的生产者服务业的能力建设成为 OEM 制造企业发展价值链水平关联的一个选择。这个选择是企业超越专业化分工而提升 OEM 制造效率的道路,客观上为长期创新能力建设作了准备,对承接国际外包作贴牌生产的企业而言,为创建自主品牌创造了条件。

　　路径 A 是以信息技术产业"服务化"发展态势为背景的。对企业的升级动因而言,不仅包含企业自身技术能力积累,也依赖于价值链"非产品技术优势"的服务水平提高,从这个意义上看属于水平型的技术升级。不少领先型企业的竞争焦点和利润来源点已经从制造环节转移到服务环节,成为"服务导向"的制造企业。相关的服务贯穿整个价值链的上游、中游与下游,包括研发服务、物流、行销网络与售后维护服务,以及通信产业特有的增值内容服务活动。在这个导向下,业内领先企业的竞争战略取向呈现两个趋势:一方面,原先单纯制造代工的生产型企业从以工厂为中心向外延型生产企业发展,经营战略重心在生产与服务之间谋求平衡点,高度关注行业竞争动向,着眼于产品开发、设计、后勤、价值链管理等环节谋求竞争优势。因此,这个路径的升级实际上表现为企业在价值链制造环节之外发展服务活动的竞争优势,形成"非技术性差别战略"(Hildenbrand, Fleisch & Beckenbauer, 2004),推动各类生产者服务和有形商品功能复合起来的一体化组织模式,以提高附加价值,从而谋求价值链功能升级,为日后企业向品牌建设战略积累资源。另一方面,这个路径下的技术升级的重要表现是获得价值链上游的研发要素,其发展动向是遵循开放式创新模式提高研发竞争力,在信息技术产业的代工业务上集中体现为代工企业与发包的品牌企业合作开发新产品,对发包企业分散研发风险发挥重要作用,对代工企业而言锻炼了研发能力,使自身创新进程上获得可持续的外部支持,也构成发展中国家接包企业加快价值链升级的激励。

落实到企业的微观活动,这条发展路径的起点是 OEM 合约下以制造或者组装为主体的活动,基本上发生在一国边界内,价值链下其余的功能则被重新安置(转移到)于第三方国家(OEM 合作双方之外)的生产设施内,形成"三角制造"格局。在这个情况下企业推动"横向"层面的竞争战略,在该路径的第二阶段(图中左上角象限)中可以看到,这个环节是融合各类生产者服务功能的环节,在信息技术产业中主要表现为与产品物流、产品设计以及销售渠道建设相关的功能,在价值链定位上呈现与行业内生产者服务业的融合。这个融合符合目前制造业"服务化"的大背景,虽然不体现为对核心技术直接的正效应,但也构成企业升级的积极动力。

这个升级阶梯在现实的信息技术产业发展进程中,对应于特定的企业类型的演进,其中比较典型的是以 DMS 和 EMS 为业务模式的企业。DMS 业务模式(Design Manufacture Service,设计、制造、售后服务一体化模式)是指国外品牌厂商把基本的系统要求交给发展中国家的承接商,由承接商承担从产品的设计、制造到售后维护服务的全过程。这种外部化模式在 20 世纪八九十年代的中国台湾 IT 产业和集成电路产业国际化生产进程中非常活跃,该模式覆盖的业务功能包括设计、制造与服务,因此对承接厂商的生产技术、设计能力和生产者服务活动的专业能力都提出要求,对于企业多元化技术优势以及组织协调机制提出更高的要求,同时对于企业根据客户需求开展管理与组织创新构成激励,所以该模式的综合技术含量明显高于 ODM 模式。

根据前文所述,EMS 模式一般在电子产业内广泛应用,也被称为专业电子代工服务,这类厂商的发展为电子产业国际分工的深化带来重要影响。其运作机制是发展中经济体的当地企业为发达国家拥有知名品牌的企业提供从中间品(或成品)制造、零配件供应、部分设计以及物流等服务。相对于传统的 OEM 或 ODM 服务仅提供产品设计与代工生产的特征,EMS 厂商所提供的是知识与管理的服务,例如物料管理、后勤运输,甚至提供产品维修服务。EMS厂商的发展实际上体现了电子信息制造业专业化分工的深化,相当于在制造活动基础上提供了所有围绕着生产附加值实现的全线服务,包括产品的开发、生产、产品的品质管理及运输物流,可以看作OEM厂商发展到一定阶段以后向生产者服务领域延伸的产业组织形态。在这种经营模式下,发展中经济体EMS与发达国家领先企业的合作比OEM形态涉及更宽的价值链功能,涉足从产品开发、流程设计、生产管理和制造全过程,以及售后服务的整个过程。在这个合作机制下,发达国家的客户企业的"归核化"战略得到了进一步的强化,只需专注于价值链内附加值最大的核心技术研发(主要是定义产品技术标准和开发界面标准)和市场营销活动。可以说,国外品牌厂商只要有一个"想法",EMS厂商即可把这种"想法"变成产品,并提供相应的技术、工艺文件,以及相应的服务方案等。但是对EMS厂商而言,由于需要提供产品制造加工服务的整体方案,因此,产品品质和流程管理的各类技术和制度创新成为不可或缺的要素,另外,EMS模式对当地企业的客户关系网络和物流网建设也提出较高的要求。

EMS是20世纪末在电子信息产业出现的,一般是国外规模较大、处于行业领先的电子技术厂商出于战略考虑,把EMS业务作为自己的主营业务,IT行业内规模最大的Solectron, SCI, Celestica都没有打造自己的品牌,而是承担IBM、惠普、苹果等品牌的EMS业务,成为它们重要的合作伙伴。这些全球知名的大公司对EMS厂商的依赖程度是非常高的,其技术水平和良好的管理体系是保证它们质量声誉,保证市场份额的重要条件。由于形成长期的合作关系,因此彼此之间的信息和知识交流频繁,EMS厂商从中获益较多,与品牌商之间形成平等的合作关系,在技术综合能力上往往超过品牌商。

第二条路径,则是一个"常规式"的路径,是企业与外部客户之间沿着契约内容和技术相关范畴的扩展而推进合作模式,因此是一种"内生性"的发展道路,导致技术能力沿着契约属性的阶梯而"升级"。以OEM制造为初始阶段向掌握设计功能提升,形成ODM阶段,并在此基础上推进品牌战略,最终形成企业的自有品牌,进入OBM阶段。在消费类电子信息和通信产品行业内,产品进入标准化阶段所需时间不断缩短,制造成本对企业更为敏感,同时产品市场的变动快,给企业安排长期生产计划带来难度。OEM制造模式是发达国家企业成本管理的主要手段,虽然是成本导向下的合作,但是该合作活动包括出于质量保证需要以及应对新市场的技术转让和合作设计开发,为OEM厂商获得学习机会提供了巨大空间。ODM模式作为OEM模式的一个高级阶段,发展中国家本地企业按照客户提出来的技术要求承担部分设计任务的合作方式,是随着双方生产关联由单纯生产制造环节的优势向设计环节延伸的标志。这个转变的发生机制是多样化的,包括 OEM 阶段委托合约包含的技术转移、为保证产品质量要求的购买方专家指导,本土企业雇员通过"逆向工程"加以模仿等,都是促进技术、知识与信息逐步积累的途径,承接方企业逐步获得对这些产品进行模仿或局部改进性设计的能力,其竞争优势在原先的低生产成本优势基础上增加了隐含在人员身上的技术附加优势,企业因此获得了设计制造委托订单(ODM)的可能性。显然,ODM 模式的技术含量高于 OEM 模式。

在这个路径下,企业是基于沿着价值链附加值阶梯上升的道路,通过自身制造优势积累竞争力,继而提高综合市场竞争力,技术能力的发展过程是以一个对原先来自外部先进企业的创新模式的"再设计"为渠道的提升,满足客户需求,最后谋求市场认同。

第二节　技术升级的微观动因——国际外包的知识管理

上述发展中经济体国际化生产模式的本质是承接跨国公司的外包,因此以外包为载体的知识和技术交流成为实现技术升级的微观机制,由此,外包契约引发的知识流动是我们解读企业技术升级的微观机制的切入点。对此,需要从两个方面作深入探索:一是基于知识系统分解的知识属性多元化以及不同类型知识的转化;二是基于外包契约的国际市场与跨国公司网络组织特征的影响因素。对于第一个问题需要引入知识管理理论,根据两类知识的转化提炼其中知识流动和转化的机制;对第二个问题则需要根据制造外包和服务外包各自的属性和特征,分别阐述跨国公司(技术领先方)与发展中东道国(技术跟随方)在日益扁平化的组织网络结构背景下基于外包业务运作的技术活动。

一、知识系统的分解和转化模型

承接外包作为发展中国家国际化经营的模式之一,是推进发展中国家参与国际生产网络的重要动力。这个过程对技术进步的影响需要以发展中国家在国际市场竞争过程中的技术学习为分析框架。根据技术后进国家技术学习理论,发展中国家企业在参与贸易、利用外资和其他国际化经营模式的过程中获得来自先进经济体的知识和大量专业信息,首先是获取外国技术并吸收技术,经过后续的消化与再创造,随后发展为创造自身的技术(Lee et al. ,1998)。借鉴知识管理理论的相关成果,我们可以从知识系统内部的分解和转化形态来解读国际化生产过程微观知识流动和扩散效应的内在机理。

根据知识管理理论,可以区分显性知识与隐性知识两大类知识。显性知识体现为有关质量标准、最优化管理流程以及相应的人力资源管理的技术标准,是融合大量专业知识和诀窍的正规和标准化的信息[1],在载体上包含技术设备、技术手册、技术许可和部分专利,贯穿于外包的准备、运行和后续阶段。隐性知识则是隐藏于人员培训、口头和行为示范,以及委托方和接包方之间的各类非正规信息和知识,其中也包括带有特定行业特征的知识,发生在发包方的外包合约与接包方企业价值链的衔接过程中,以及针对客户个性化需求的创新合作过程中,属于创新的协同效应,主要通过人员交流和接包方企业通过非正规渠道的信息交流为接包方所获得。显性知识与隐性知识共同构成外包过程中知识流动和集成的主要成分,彼此的相互转化和融合是知识效应发生的重要机制,为技术后进的接包方企业构成技术学习的持续动力。根据两类知识各自的特征和属性,两类知识的转化可以用SECI 模型来加以简化,代表社会化(Socialization)、外部化(Externalization)、组合化(Combination)与内部化(Internalization),两类知识之间的相互转化的最终效应是知识的传播和放大,如图 5 - 3 所示。

二、基于外包运作特征的知识管理效应

知识系统分解前提下的知识流动和转化机制是外包承接方获得知识效应的本质,这个机制要进一步发展为接包方企业的技术进步,还受到多种因素的制约,主要有如下两个方面的条件。

首先,接包方企业内部的知识管理战略是企业对外部知识进行高效转化的条件。借鉴 Hansen 等人的研究成果,两类知识管理战略与知识形态的关系可以总结如下:一类战略是系统化战略,强调产生、储存、共享和使用组织显性知识的能力,它注重对知识的编码、存储和知识的反复使用,主张建立一整套规则以指导知

---

① 显性知识(Explicit Knowledge)是指那些已经正式成文和体系化的知识(Encoded Knowledge)。这类知识能够方便地被合并、提取、储存和转移;隐性知识是指那些隐含于人的身体和头脑不易编码和传播的知识,由于内化于人的头脑而更多地需要人员交流来实现转移。隐性知识可以再具体地区分为实践性知识、抽象性知识和嵌入性知识(Polanyis, 1962; Collins, 1993),这类知识的扩散与相关组织的组织行为方式有密切关系。

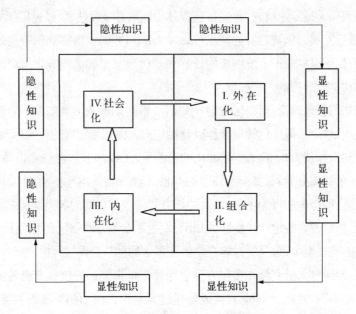

图 5-3　知识创造的 SECI 四类转化模型

资料来源：冯进路：《企业联盟——知识转移与技术创新》，经济管理出版社 2007 年版，第 41 页。

识管理行为。由于显性知识易于标准化，因此该战略对于共享显性知识更为有效。但这个战略也可以应用于隐性知识的管理。另一类战略是人本化战略，强调通过个体接触、心智模式、技术技能和经验等方式进行知识获得和储存，相比前一种战略更加注重通过非正式方式进行知识传递，因此更加适合于隐性知识的管理。

根据外包寻求成本优势的本质动机，企业相关战略的焦点在于"市场化"与"内部自制"之间的选择，因此，企业外包策略的主要目标是提供快速接近那些与其核心能力配套的资源、能力和知识，相关知识和信息的构建和组合旨在使外包出去的职能得以顺畅而高效地纳入到企业价值链内。在这一情形下，接包方企业在接受相关合约对于质量和流程管理要求的合约履行过程中，需要将相关知识和来自专家指导等非正规信息积极转化为企业常规性的技术和管理标准，运用于企业此后长期性的业务运作的机制建设中，通过这个转化使得企业攀升综合技术台阶。不仅如此，在以国际外包为跨国经营主导方式的情形下，包括跨国公司、跨国公司的分支机构（或者是设在发展中国家的离岸中心）、发展中国家的一级承包企业、二级承包企业的跨国公司之间构建了一个多层次生产网络，接包方在这个网络内充分利用不同层次主体组织和管理外包项目的知识和技巧，从中获得国际化经营的经验,为今后发展离岸经营作准备。总之,相比跨国公司在发展中国家的直接投资,外包纽带对知识转移和管理的模式提出了更高的要求。相关战略的选择标准在微观上进一步包含三个要素:企业提供的是标准化的还是个性化的产品或服务;企业的产品或者服务是否成熟;解决问题是依赖于显性知识还是隐性知识。

其次,接包方企业已有技术能力达到实现技术吸收的"技术门槛"(Cohen & Levinthal,1989)是知识转化发展为接包方技术进步的另一个重要条件。从现实情况看,以行业内领先跨国公司为发包方的国际外包活动的案例中,发包方对作为承接方的供应商一般提出较高的技术要求。从现有的发展中国家承接 500 强跨国国际外包的发展态势中可以看到,发包的跨国公司对承包方的原有技术水平的要求相对较高,只有那些达到一定的技术和管理水平的企业才能争取到跨国公司的外包业务,这类企业在自身技术人员资源以及与当地的高校和科研机构等创新机构之间具有比较紧密的联系。随着国际外包业务对于个性化产品(服务)的要求越来越广泛和频繁,当地企业需要在创新网络中发挥越来越重要的作用,接包方也逐步被纳入到跨国公司主导的开放型创新网络中。跨国公司创新网络有助于实现技术先进方和技术后进方的知识共享,增进自身的技术创新能力和对市场的快速反应能力(Zander,I.,1999)。

不仅如此,在全球型跨国企业的国际外包战略的微观机制下,跨国外包特有的市场交易属性使得外包机制与发展中国家原有的技术能力密切相关,东道国企业技术能力的高低是它在与跨国公司构建起来的市场网络和组织网络包含的技术根植性(Technological Embeddedness)的基础。这个网络下的技术根植性进而影响到承包方的技术学习效应,对发包方向承包方企业技术转移和扩散的实际结果带来影响(Ulf Andersson,2000)。类似的研究也都强调了是否能够获得隐含的(无形的)知识是企业承接外包的长期结果的重要组成部分,而隐含知识的获得除了发包方企业的实际行为之外,还依赖于机构之间的组织纽带和彼此互动关系的强度(Ernst,2002),后者是企业实现积极学习的外部环境,这些都强调了隐性知识在提升接包方企业综合竞争力中的作用。

三、跨国制造外包活动的技术转移和扩散

在制造业外包情形下,发包者把接包企业作为制造环节和服务特定功能的供应链主体的同时,出于质量考虑会给予接包方在质量控制、工艺、技术标准与企业内部管理方面的资金与人力的投入,承接国际外包业务的企业通过这一生产关联带来的技术合作可以快速获取有利的信息和知识。制造发包方最关注的质量水平

引发合作双方首要的知识供给需求关系以及相应的渠道。影响这个机制的最重要的动力分别是价值链治理模式和国际生产网络内部的企业的相对主从地位。前者主要体现为模块化的治理模式贯穿于跨国公司国际生产网络所附着的全球价值链;后者则表现为在发包方为网络旗舰角色的格局下,知识流动呈现从中心企业向外围企业扩散的基本格局,但是随着市场本地化趋势的加深,作为供应商的承接方的反向信息流动在扩大。

(一)制造活动价值链内部的"模块化"治理结构影响接包方技术获得

外包活动本质上是基于市场合同关系的合作模式,在这个纽带下形成的垂直专业化结构对应的是价值链内不同环节分别被同时安置于企业内部和企业外部。信息技术产业作为高技术制造业的核心产业,与其他高技术产业类似,其制造生产体系呈现鲜明的模块化趋势。模块化形态的发展不仅直接导致国际生产网络的"分割",也是网络内影响外包双方信息交流机制的重要因素。

一方面,外包双方主体之间的生产(服务)分离形态使价值链"片断化"在技术上成为可能,对传统的一体化型的产业组织模式带来冲击。由于模块化生产网络体系在治理机制上的相对松散,导致进入和退出生产网络相对容易,在跨国生产网络组织的空间和时间两个维度上都具备很强的灵活性。对跨国企业而言,模块化策略改变了它们的管理理念,原先以一体化形态在企业内部进行的业务环节实现外部化,使之与上游企业(供应商)之间的竞争关系走向合作竞争。承接外包的企业在外包业务过程中通过"干中学"掌握发包方的部分技术,发包方为了提高这一环节的生产质量,也可能向承包方提供技术支持或主动转移技术,特别是在进行国际外包的跨国公司本身就面临着激烈的竞争情形下更是如此。

另一方面,对接包方而言,承担服务价值链中不同片断与不同功能企业的知识需求客观上局限于价值链的某一功能或者某一工艺流程(管理流程)的要求,因此企业的技术获取(从发包方企业那里)囿于价值链内局部性的技术特征,而不具备整体性。但是外包合约,尤其是长期性外包合约包含的动态性质量和工艺要求,对企业的专有技术能力水平不断提出要求。另外,随着通信技术的日益发达,企业复杂系统(产品)下通过模块化策略分解出来的生产和服务的跨度越来越大,承接外包的企业作为模块供应商客观上有机会逐步接近产业技术链中相对复杂高端的层面,为实现技术升级创造了有利条件。随着这一策略实施机制的完善以及价值链的深入,企业还可能将一些研究开发的任务交给集成模块供应商来完成,这就对系统集成商的供应链管理提出了更高的要求。在这样的环境下,隐含在产品内部的"隐形技术"便借助外包这个渠道得以扩散。

模块化的价值链支持的国际生产网络带有明显的开放性特征,这个趋势主要是基于以下前提条件:广泛运用信息技术、高质量的生产者服务供应商、众所周知的标准,这些都保证了企业之间的相互联系过程中产品信息传递的顺畅。信息技术产业跨国公司为适应技术创新规律和国际化生产管理,在价值链治理结构上以"扁平化"为发展目标为上游和下游企业之间充分的信息沟通和扩散带来便利。这不仅有利于发展中国家在参与分工过程中实现企业升级,也影响发展中国家企业在跨国公司主导的生产一体化进程中动态化的利益格局的主要因素。从实践经验看,不少发展中国家因此获得产业动态升级的空间,并成功进入核心技术开发领域。

(二)国际生产网络下知识流动的"中心—外围"格局及其动态发展

根据交易类型和价值链治理形态相对应的企业主体关系,可以将生产网络内的企业区分为旗舰企业(及其分支机构)、承包商(也称为合同制造商,包括与旗舰企业合资的企业)、供应商(零部件供应)以及相关的服务供应商、战略联盟的参与者,这几类企业群体之间呈现不对称性,发包方往往在产业价值链内掌握高端资源,获得竞争关系的主动权。

作为网络中核心主体的旗舰企业,是拥有系统整合能力而控制整个网络的中心企业,旗舰企业进行战略决策和进行组织管理的资产一般是行业内的重要资源,这类企业的核心优势来自对上述这类资产的控制以及协调不同网络节点之间知识交易和交流的能力(Rugman,1997; P. 182),它的战略往往直接影响行业其他企业的成长和战略方向。而供应商企业则是包括专业化供应商和转包商等价值链低端参与者的企业。这个格局导致了制造业外包平台下的发展中国家承包方由于所处价值链区段的低端特征,在技术阶梯的动态演进上相对"凝固"。

有学者根据当前发展中国家以"世界工厂"为模式承接制造外包的局面,提出发展中国家为跨国公司作代工对创新竞争力的不确定影响,指出以承接制造业工序外包的代工方式切入全球价值链生产体系是发展中国家制造企业参与全球市场的主要手段(刘志彪、张杰,2007),这个道路成为具有劳动力优势的国家扩大出口的主力军。不同国家对国外市场依赖程度的不同会对其创新活动产生倒 U 型非线性影响效应。这表明代工与出口导向发展战略对我国制造企业创新活动的影响不应简单地从一个静态角度来判定,应该考虑代工企业在不同发展阶段与发达国家的动态利益博弈特征,完全依赖于国外市场的代工企业,其创新活动显著受到负面作用的"俘获"和抑制,即过度依赖承接外包推动出口导向发展战略会严重制约企业自主创新能力的提升与培育。这也是发展中国家参与国际外包时,本国创新动力不足的一个主要原因。

但是对于承接方技术水平的长期效应,需要我们对当代制造业产业网络的动态趋势作更加客观的分析。早期的产业网络的基本形态是旗舰企业和供应商为主体的双层结构网络,旗舰企业会在多个地区不断寻求或发展不同的供应基地,并且通过支持发展中国家当地企业的升级来推动网络内生产基地的建设,保证实现网络内的国际供应链。随着旗舰企业战略的动态发展,对网络内供应者的要求不断提高,对后者的要求从生产功能延伸到独立开发工艺流程、零部件辅助设计、部件采购(Component Sourcing)、库存管理、包装检验和长距离物流(Outbound Logistics)。在这种情况下,处于两者中间层的合同制造商应运而生,不仅成为承接旗舰企业和发展中国家供应商之间的纽带,而且还起到了联系和集成行业内价值链中高端环节核心要素的作用。合同制造商有的是从旗舰企业内剥离出来的企业,有的则是一些专业供应商升级而成的,这些企业不仅掌握垂直方向关联对应的网络,也具备发展水平型关联纽带的能力,因此成为行业内次级网络的领导者。目前行业内大型合同供应商涉足跨国价值链内从产品设计、制造、售后服务到维修等多个节点。这些企业的海外战略重点对象是有成本优势的供应商群体所在国家,成为它们的外包经营商(一级发包商或者总包商),构成该产业国际生产体系特有的"网络中的网络"形态,这个结构使得旗舰企业主导价值链的要素范畴趋于缩小,相关的专有技术和管理手段向外传播的动力不断加强,转化为技术外溢效应的可能性也相应增加。

随着合作制造商网络的发达和市场竞争的日趋加剧,制造业国际生产网络的旗舰企业与外围供应商进一步发展为系统集成商(发包方)和模块供应商企业(接包方)。系统集成商关注的是产品设计、市场营销、分配,有时可能包括生产的最后阶段的装配业务。模块供应商企业专注的业务领域是销售服务以及价值链领袖企业的外包业务。在外包业务背景下,系统集成商与模块供应商之间围绕着合同的实施呈现出比跨国公司母国与分支机构附属关系更为显著的依赖关系,在系统集成商最为活跃的信息技术制造业,"敏捷生产"和定制化方式日益活跃,系统集成商必须将越来越多的设计、营销等技术与供应商分享,使得后者能更多地将相关的专有技术纳入到自有技术系统中,形成技术外溢效应。

四、跨国服务外包活动的知识流动和创新潜力

随着"服务经济"的迅猛发展,国际服务外包的发展速度和创新程度都超越了制造业国际外包,虽然发展中国家总体上服务业落后,但是部分经济体(新兴经济

体)已经在国际服务外包市场上取得了成功。结合现代服务业的特点,国际服务外包对于承接外包的发展中经济体带来的技术效应体现为两个方面:

（一）现代服务业属性助推知识的转化

结合现代服务活动的特点和服务外包与制造外包的差异,我们可以看到服务业外包的特征有助于前文提及的两类知识形态的转化,从而对接包方的知识获得起到积极作用。以信息技术领域的服务产业领域最活跃的 ITO(信息技术外包)和 BPO(业务流程外包)为典型例子,我们发现由于服务产业价值链的要素结构更加倚重人力资源,这些信息依托人员交流而构成隐性知识的流动和扩散,以正规和非正规交流强化知识在企业内外主体之间的相互反馈,对跨国外包中的多级参与主体(包括一级和二级接包企业)都带来信息与知识的外部性效应。由于服务功能评估内涵更多"软要素",隐形知识的积累变得更加重要。此外,服务功能呈现"用户导向",因为用户需求而引发的后续活动,客观上带来隐形知识转化(即"社会化"过程)在知识流动中的重要性更大。企业需要根据商业动态结果不断改善服务供应,不仅使得隐性知识得以不断积累,也帮助接包方企业超越发包方企业要求探索服务功能和模式上的创新。

一方面,在从隐性知识到显性知识的"社会化"过程中,外包发包方为主体的信息和知识转移推进了外包的动态技术效应。以信息服务外包(Information Technology Outsourcing, ITO)活动为例,这个转化表现如下:首先,在外包准备阶段,企业安排接包方企业的相关管理和技术人员到本企业考察和调研企业信息与数据管理的特点和问题;其次,发包方企业派相关专家和技术人员对接包方企业实行包括服务标准在内的专业培训;最后,在服务项目递交和调整过程中与接包方技术和管理人员就服务的质量和各类细节频繁进行沟通,其中涉及信息包括服务质量要求、外包管理模式和相关的技术诀窍。这个以人员接触和交流为主的互动过程客观上传播了大量隐性知识,为接包方企业的相关技术和管理人员尽快吸收,并转化为自身的知识"储备"的一部分,成为接包方企业开放式创新的动力。

另一方面,隐形知识向显性知识的转化构建知识的"外部化"趋势,即非正规知识向正规知识的转型。以 BPO 为例,双方企业之间的沟通至关重要。接包方企业参与到发包方企业市场战略和相关策略的具体构思和实施过程中,激发学习效应,接包方企业通过写工作报告、完善客户的操作规程等手段使得一些非正规知识成为可以符号识别的正规知识,充实接包方企业的知识库,构成了相对"正规"的信息。

（二）接包方自主创新的潜在空间

由于现代服务业围绕着特定外包服务内容的"委托—代理"关系，外包的供需企业最基础的信息交流主要围绕着特定服务的质量和技术要求，包括一揽子技术标准、诀窍，在此基础上，以综合性的业务流程管理为代表的外包则是基于企业综合了市场开拓、资源管理和创新管理的价值链的"模块化"和外部筹供。在外包过程中，这些基于特定企业属性的信息直接或者间接地传递到与接包方的合作过程中，成为各类正规与非正规知识和信息在外包运行过程传播与反馈的"原点"。

服务产业特有的即时应对客户需求的目标，在客观上要求每个高度专业化的价值链模块节点之间保持紧密的合作，多边的用户需求对应的信息和知识的不确定性要求拉近了服务提供方（承接外包的企业）、外包需求方（客户）与服务系统集成方三方主体。在 ITO 和 BTO 情况下，尤其需要合作双方围绕动态的商业动向、管理人员的服务流程进行高效迅捷的反馈，不仅可以应对多变的需求，而且就长期效益而言，除了预期成本管理目标的实现，还体现为对接包方进一步创新的激励，基于专用性资产的技术优势和及时的信息沟通实现"超额"的积极影响，成为外包标的"附加价值"。

例如，印度最大的服务供应商 Wipro 和 Infosys 公司已经具备开发能力，不仅表现为发包方企业以技术设备等物质形态提供技术支持，而且双方的技术合作更趋于平等关系，供应商与发包企业的技术势差相对较小，前者往往在一些专有技术上高度参与技术和研发活动，对双方之间的技术合作的贡献相对主动。印度的 Wipor 公司经营着一个技术发展协作中心"Orbit"，主要立足于印度的研发资源，中心的研发活动服务于具有专属外包中心关系的客户企业，主要是美国 SUN 软件开发公司，双方外包合约是对 Solaris 操作系统提供产品技术服务和后续开发。该中心有权进入 Sun 公司的 Wide Area 网络。该中心立足于印度的研发架构，但同时也是开放性的，招募来自全球 troubleshoots 领域的技术开发人员。相应地，该外包专属中心下 Wipro 公司与 Sun 公司的技术合作满足了"开发者团体特有的需求"，这个功能不同于早期外包模式的产品技术支持中心，而是在原有的产品技术基础上，进一步涉及咨询需求，而这个"Orbit"中心则提供了解决难题（Troubleshooting）和客户互动等多个方面的协同性技术合作，充分发挥了印度服务供应商的技术优势，与发包方的服务升级战略紧密结合，双方根据客户需求对服务不断调整，在这个过程中服务供应商也通过需求的激励而拓展了服务的创新范畴，并推动了国际竞争力。

目前越来越多的创新型服务外包包含的技术关联，在本质上是企业内部管理和市场战略引致的各类显性和隐性知识的相互叠加,这个机制成为外包接包方开放型创新要素的一个重要来源,也是创新孵化与成果市场化的动态源泉,是我们解读外包对接包方企业长期技术效应的一个出发点。

第三节 技术升级的内在路径——国际外包的技术流动

早期发展经济学者提出的发展中国家技术赶超理论主要强调了技术后进国可以通过开放(利用外资)和其他形式的产业国际化路径获得缩短与先进国家之间的技术差距,并能够发展超越本国现有要素结构的高技术产业。近10年来,对于技术升级路径的分析较多地从技术外溢理论视角展开分析,已经有大量研究论证了发展中国家利用外资以及其他承接国际外包活动有助于当地产业技术水平,围绕着外商直接投资的技术外部性展开论述。在此,笔者将其中的一些分析思路扩展到发展中国家承接外包活动上,探索承接外包对于发展中经济体的技术效应。

一、产业国际化下的技术外溢效应

发展中国家作为技术后进方在开放条件下实现技术升级的一个宏观因素来自产业内技术外溢效应的存在。以 FDI 的技术外溢效应为主的相关理论就发展中国家在国际化生产过程中获得的技术外部性作了大量研究,这是我们理解企业国际化生产进程下技术升级的宏观动力的出发点。从广义上看,这个效应一方面体现为投资于东道国的合资企业与外商独资企业更高技术密集程度的生产和创新绩效;另一方面也体现为本土企业与外资企业各类关联活动引起的示范(模仿)、竞争抑或本土企业在合作中的"干中学"后续效应。这可以归纳为外资的技术外溢效应,属于国际化生产关联的一种外部效应,在概念上更加强调双方正规技术转让之外的非正式合作所带来的积极效应,它的实现及其程度更多地受到接受方企业对外部先进技术消化吸收和转化的能力,是目前研究产业国际化对发展中国家技术进步效应的重点。对于这个效应存在与否的实证研究结果,因不同的分析对象和方法而呈现很大的差异。

从概念上看,获得外资和其他显性或者隐性的外部要素而带来的技术效应都可以称作技术外溢效应。学术界就发达国家直接投资对东道国企业带来的技术外溢效应已经有了不少研究成果,这方面的实证研究成果是非常丰富的:(1)外资对墨西哥制造业本土企业生产率产生正的溢出效应(Blomstroem & Persson,1983)。(2)也有相关的研究对溢出效应提出了质疑,例如在针对委内瑞拉的计量研究中发现FDI对当地国有企业的不利影响,短期内外国企业会迫使国有企业缩减生产,降低产量,从而导致生产率的下降(Aitken & Harrison,1999)。(3)有学者就关联的形成及其内容做了理论上的阐述(M. Blomstroem & A. Kokko, 1998;2001),并涉及溢出效应在本土企业的实现需要的条件,本土企业的技术投入以及原有的创新水平是产生显著的技术溢出的重要条件。(4)有学者就发达国家向发展中国家国际直接投资中的技术转移和研发活动当地化的效应作了分析(Das,1987;Wang & Blomstroem,1992;Walz,1997),认为FDI对于两者的研发水平变化不构成影响。近年来的研究涉及外国直接投资对本土企业内生性要素变化的影响。Bruno Van Pottelsberghe de la Potterie & Lichtenburg(2001)就FDI类型对资本存量的影响做了研究,认为外向型的FDI能促使东道国获得R&D资本存量,从而对东道国当地企业的全要素生产率构成正的贡献,而内向型FDI则没有这个效应。但该研究的对象还是工业化国家之间的FDI的溢出效应,而且在FDI模式上没有涉及具体的关联模式与溢出效应之间的关系。(5)Francesca Sanna-Randaccio(2002)的论文用建模方式研究了FDI对东道国的内生性R&D要素的影响,相关的结论显示,这个效应不仅通过产品市场的竞争来实现,还通过对创新的激励以及影响企业总体的技术水平而增加R&D投入,对于那些本身R&D密度就高的行业,内向型的FDI更有可能对本地企业自身的R&D活动发挥正效应。

国内学者对外商直接投资对中国本地的溢出效应的论点可以概括为以下几点:(1)除了提供较先进的技术以外,跨国公司在帮助当地管理和技术人员提高对商业机会的把握能力以及判断知识、技能优先性的能力方面有着不可替代的作用(江小涓,2000)。(2)外商直接投资对中国内生技术能力有积极作用(王春法,2004)。(3)技术溢出效应与行业的要素密集程度,内外资企业的能力差距、两类企业之间的充分竞争等因素有关(陈涛涛,2003)。(4)在FDI的创新能力溢出这一问题上,也有一些实证研究成果,冼国明和严兵(2005)、王红领和李稻葵(2006)的实证研究结果都表明,FDI对我国企业的自主创新产生了正的溢出效应。

在上述技术外溢的研究所依据的实证分析基本上是以发展中国家FDI为对象,由于以东亚为主体的发展中国家(包括新兴工业化国家)是全球FDI最重要的东道国,因此通过来自跨国公司投资的技术外溢是发展中国家技术学习效应的重要方面。除此以外,在信息技术产业非常活跃的外包也是发展中国家技术学习效应的来源。对于这个方式下的技术效应,我们可以引入有关中间品贸易的技术扩散理论来认识，相关研究表明中间品贸易是技术扩散的一个重要渠道(Coe & Helpman,1995；Hoffmaister, 1995；Keller,2001)，认为一个国家的生产率不仅仅依赖国内研发资本，而且也依赖隐含在进口中间品的国外研发资本内。来自外国研发带来的利益有直接的也有间接的，直接利益包括学习新技术和新材料、生产过程以及组织方式上的学习，而间接利益则包括由贸易方式发展而来的进口中间品和服务中隐藏的利益。因此，一个经济体如果在进口高技术产品上越是开放(取消进口壁垒)，那么它就越能获得国际外溢效应。通过研究发现，一个经济体的 GDP 进口比重越是高，那外国研发投资存量对于它的国内生产率的外溢效应就越是大(Coe & Helpman,1995)。这个研究的政策启示在于：对于新型工业化经济体而言，进口中间品或者零部件可能是获得先进技术以及助推技术外溢的最适宜方式。

　　总结上述外商直接投资为渠道的技术外溢效应理论，结合中国目前利用外资阶段性特征的实践，我们可以将溢出效应的内涵以及实现渠道加以归纳，如图5－4所示。

　　就技术外溢发生的渠道和结果而言，外商直接投资的技术外溢效应是不容否认的，但是它向发展中国家经营业绩积极效应的转化是需要条件的，其中宏观层面的政策环境和微观层面的当地企业吸收能力是非常重要的，这也是外资的技术溢出效应实证研究之结论不一的根本原因。

二、国际化生产下的技术关联

　　如前所述，外包带给接包方企业的技术效应可以纳入到产业国际化的技术外溢范畴内。由于该效应在实证考察上的困难，笔者重点就该效应发生的路径展开分析。发展中国家承接国际外包作为国际化生产模式下的一个选择，首先影响发展中国家接包方与发包方之间的技术关联，"技术关联"的概念是帮助我们认识基于国际化经营的技术合作关系的一个切入点，通过分解技术关联，能够对技术外溢的机理加以解读。

　　产业国际化进程下的技术关联(Technology Linkage)概念最早见于联合国贸发会议的《2001 年世界投资报告》(UNCTAD, 2000)。该报告指出关联不同于企业与外部市场的一次性联系(如购买现成的标准化产品)，而是更侧重于企业之间长期关系的交易，主要对象是外国企业子公司和国内企业之间的关系，包括三种形式：后向关联(外国子公司从国内企业获得商品和服务)，前向关联(外国子公司向国内企业出售商品和服务)以及水平关联(外国子公司和参与竞争活动的当地企业的相互影响)。广义的关联还可以涉及大学、培训中心、研究与技术机构、出口促进

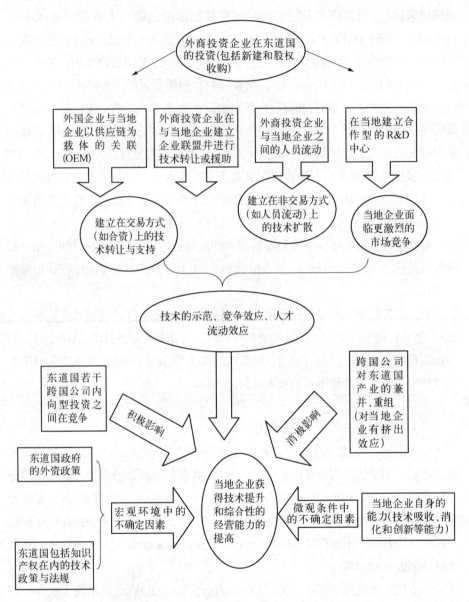

图5-4　外资技术外溢效应的发生机制

机构以及其他官方或者私人机构等非经营实体。产业内部交易中很大一部分涉及
这种意义上的关联,而且关注点包含信息、技术、技能以及其他资产的持续交易①。

_____

① 参见联合国贸易与发展会议编:《2001年世界投资报告——促进关联》,中国财经经济出版社
2002年出版,第147页。

与技术流动和获得有关的关联活动就称为技术关联,对应于上文提到体现在国际化生产方面的生产关联。

因此,从广义上看,跨国生产和经营引发的发达国家与发展中国家的关联包括资本层面、生产层面和研发层面三大类,这个方面的关联所引发的技术合作、转移和后续的学习与再创新是构成技术外溢效应发生路径的大体框架,成为我们认识发展中国家在信息技术产业国际化进程中获得技术发展效应的微观载体。这里的技术关联的合作双方是产业国际化涉及的微观实体,主要可以抽象为三类合作实体,即外商投资企业与发展中东道国子公司,外商投资企业与当地 OEM 供应商,以及外商投资企业与当地其他企业和研发机构。这三类企业的技术关联分别依托资本纽带、生产纽带和研发网络纽带而发生,由此引发各类技术效应(见图5-5)。

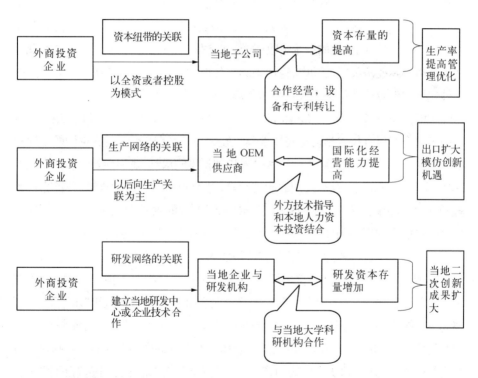

图5-5　跨国技术关联依赖的多元路径及其包含的技术纽带

在表现形式上,发达国家与发展中国家技术关联的对象主要是跨国公司与东道国本土企业(包括有股权纽带的子公司和非股权纽带的生产关联企业)之间的、带有长期性特征的技术联系和外溢,包括发展中国家在参与国际生产体系进程中生产和商业网络内发生的,围绕着技术获取、技术转移的扩散的各类直接和间接的合作与交流活动。这个关联形态落实到技术后进国家获得的效应,包括现实世界中从技术引进到技术扩散以及转移的路径和模式,其形态与特征与东道国企业与国际市场和国际资本的生产关联的演变是密切相关的,更加注重对源自国际市场和国际投资纽带的技术流动和技术合作发生的途径和对技术后进国的效应。

三、国际外包模式下的技术流动效应

由于信息技术产业国际化进程下日趋活跃的国际外包形态,承接外包所引发的技术效应构成我们考察发展中国家当地企业获得技术外溢效应的主要对象。

技术后进国家的外资政策目标之一就是鼓励国外企业进行更多的技术转移以及推动当地企业掌握外国技术。为了实现这个目标,决策者需要理解有哪些因素影响外国企业转移技术意愿,以及当地企业投资于技术学习和技术人才培育的激励制度。在这个问题上,有两个因素被广泛提及:一个是知识扩散(模仿)的存在程度,一个是东道国企业的技术吸收能力。根据知识管理理论,知识扩散是客观存在于各类国际经济关联活动中,包括国际外包所依托的国际市场纽带。后者是国际外包技术效应分析中与 FDI 的技术外溢效应基本一致的因素,我们可以借助技术吸收能力理论(Coe & Helpman, 1995、2009)对此加以解释。相关研究发现,发展中国家企业自身技术学习提高技术吸收能力,对获得技术外溢效应构成正面影响,现实的条件不仅包含自主性技术投入和创新集成活动,还包括外包所在产业的属性、竞争结构特征以及一系列的政策因素,例如知识产权保护政策、劳动力市场规则、产业区位政策等,上述因素的组合对知识扩散的难易带来深刻影响,而影响技术吸收能力的现实条件则包括教育政策、研发补贴、劳动培训等。上述两个层面的实践和政策组合都成为影响接包方获得技术外溢效应的影响因素。

在上述研究思路下,我们需要明确的分析思路是:首先,国际外包作为"垂直型"分工格局下的企业国际化生产模式,其国际技术转移模式不同于"水平型"分工格局下的技术转移,需要对结合产业价值链内基于"投入产出"关系的各个工序(环节)下企业的纽带加以认识。其次,外包合作双方之间的合同契约本质上归属于市场交易行为,相对于 FDI 为载体的资本(股权)纽带和内部化管理模式下的"一体化模式",国际外包属于"非一体化"模式的企业国际化经营,对应的技术转移和扩散效应也因此受到市场结构之影响,合作双方所处的市场竞争格局变化都会影响技术扩散效应。因此,外包模式所引致的技术转移活动需要置于该模式特有的"购买方—供应方"的框架下,融入价值链内部"投入产出"和市场竞争特征因素展开分析。

就此问题,综合国内外运用实证分析方法的理论文献,我们发现研究结果莫衷一是。部分学者认为垂直专业化分工内在的技术扩散并不鼓励技术先进方向技术后进方的技术转移,即抑制技术转移活动(Either and Markusen, 1996);另一些学者则认为技术转移因此得到正面的激励(Glass & Saggi, 1998; Wang & Blomstrom, 1992)。在实证分析的研究中,学者(Lee Mansfield, 1996)通过调研论证了发展中国家提供知识产权保护影响跨国公司设立分支机构或者合资企业转移技术的意愿以及规模。与此同时,也有研究提出了知识扩散和当地竞争鼓励技术转移的证据(Blomstrom, 1994)。

借鉴上述研究成果,我们结合外包的国际化生产特征对产业内部技术扩散作具体分析,从价值链环节之间的纽带关系来划分,区分上游和下游,我们提出两种类型的技术扩散:上游技术扩散和下游技术扩散。上游技术扩散是指生产投入品的技术扩散到其他潜在的生产投入品的厂商;而下游技术扩散则是指在如下情况下发生的,即下游生产环节的新进入者(后来者)获得了与已有下游厂商合作的供应商提供的中间品,后者已经从发包企业那里得到了知识转移(围绕着质量管理的生产技术转移或者人员培训),因此下游的新进入者实际上"免费"获得行业内原有厂商进行的技术投入带来的好处。上述两种类型的技术扩散也是相互影响的,其相互影响的方式区别于水平型的技术扩散,是一种基于买方—卖方交易关系的技术转移过程。研究表明垂直分工格局下产业上游技术扩散对发包方(发达国家企业)向接包方转移技术带来正效应,原因在于技术扩散能够引发上游供应商之间的竞争,即便这个扩散导致下游市场有新的进入者加入,上游的知识扩散带来的正效应也是显著的,而且由此引发的竞争进一步再构成对发达国家企业进行技术转移的激励。

针对产业上游与下游技术特征和竞争形态的差异,我们区分上游技术扩散和下游技术扩散,分别研究对技术扩散影响发包方实际技术转移行为的影响和发生渠道,这一过程可以简单地归纳为:产品价值链下游的发达国家企业作为最终产品需求者把技术转让给发展中国家企业(上游供应商),最终帮助这些企业扩大向购买方企业的出口。相应的模式展开为如下逻辑关系:发达国家外包发包企业就特定中间产品的制造与发展中国家企业达成了外包契约,为了帮助后者实现外包合约,客观上转移了技术,而这种技术转移反过来又使新兴工业国企业增加了对原发达国家企业服务的需求,因而处于生产下游的发达国家企业从这种技术传播中实际得到了利益。在笔者的模型中,由于最初的技术供应者(发达国家企业)而引发的竞争升级,导致其他的新兴工业国企业进入生产上游(外包)领域,也许会导致更多的企业进入下游产品市场,两边的市场都趋于竞争加剧(外包供应方价格降低,而外包需求方相应以更低的代价获得中间投入品,从而降低成本)。从宏观结果上看,就是技术转移最终导致新兴国家企业向发达国家市场扩大(外包)出口;在微观上的结果是,最初的外包发包企业和接包企业都将从中受益。有实证研究表明,处于产品生产下游的发达国家最终产品需求者把技术转让给新兴工业国企业,其结果是帮助这些新兴工业国的企业向发达国家市场出口。这就构成"垂直型"国际技术转移不同于"水平型"技术转移的特殊性。

我们进一步就接包方企业是否进行技术努力加以区分对外包的技术效应作两个层次的分析:

第一层次,假设接包方企业不作技术投入,我们从发包企业价值链的"投入产出"框架来分析发包方产生技术转移动机的条件。发达国家跨国公司作为购买方决定了外包给发展中国家企业的产品数量,出于质量上的保证,发达国家的外包发包企业不得不承担向发展中国家进行技术转移的成本,这样发展中国家供应商才按照预定的质量要求来生产特定中间品(投入品)。这个技术转移带来外包产品,即发包方企业中间品的质量提高,发包企业最终产品的质量也因此得以提高,当然相应的发包方企业也不得不承担技术转移的成本。这是对外包的技术效应最简单的理解。一个非常重要的条件是发包方作为技术转移的源头,而发展中国家接包方不作任何技术投入。这一逻辑关系体现了外包纽带下接包方企业作为上游产品供应商,外包合约内含的技术目标成为发包方企业进行技术转移的激励,这个转移进而成为行业内(上游行业)技术扩散的动因,在微观机制上体现为成本下降而带来竞争效应,该效应导致上游行业内新进入者增加,经市场供需关系传导为发包方企业可以更低的价格与接包方合作,引发发包方获得中间品的成本下降,实现正效应,因此发包方的技术转移构成了战略效应(见图5-6)。

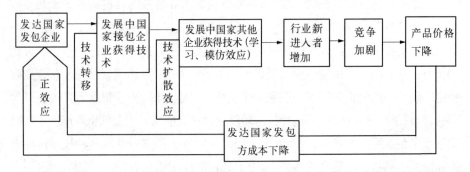

图 5-6　不考虑接包方技术投入的技术转移路径

　　第二层次,假设发展中国家接包企业采取主动(自主的)技术投入,分析焦点则转变为接包方企业自发的技术努力对发包方技术转移行为的影响。这个情况下的技术效应存在如下逻辑关系:假设承接外包过程中发展中国家供应商企业也进行技术投入,开展生产工艺或新产品开发的研发活动,降低了生产该投入品的单位成本,于是原先发包方企业技术转移的成本实现了内生化。当技术转移和供应商的研发活动一旦发生,上游的知识扩散就逐步形成,这样一来投入品生产活动的相关知识扩散到上游行业内的其他企业,这些企业随后与原先的供应商进行竞争。与此同时,考虑到下游知识扩散的存在,即发包方行业内的其他企业从知识扩散中受益,从原有企业(最初发包企业)的经营中进行学习(以及信息"窃取"),结果是它们不用承担技术扩散的成本就能从受过培训的上游供应商那里获得同样的投入品,从而对后续发包方的技术转移并不构成正面的激励。

　　基于这个逻辑关系的分析,我们需要进一步考虑接包方企业技术投入的代价(技术投入的成本),上游供应商技术投入引发的成本是知识扩散效应影响技术转移过程的重要因素。如果这个成本超过了这个投入最终能实现的单位成本下降,即接包方企业付出了非常大的技术投资代价(大于来自发包方扩大需求而获得的收益),那么自主技术努力得不到激励,其结果是推动了发包方的技术转移,这个过程归结为上游知识扩散的存在会促进技术转移。相应地,下游知识扩散则不鼓励(抑制)发包方的技术转移。而反过来的情况是,当技术投入的代价并不是那么高,上游的知识扩散会抑制技术转移,而下游的技术扩散则鼓励技术转移。

　　在上述结论基础上,我们还需要将与外包行为有关的市场竞争结构纳入到分析当中。就市场竞争结构对技术扩散的影响,已经有学者作了研究,Pack & Saggi(2001)的研究集中于外包下的技术转移受市场竞争结构的影响,研究表明发展中国家供应厂商并不是技术的被动接受者,而是有主动的技术努力,这是促成外包双方长期"购买方—销售方"联系的重要条件。其模型如下:接包方企业进行自主技术努力(Technological Effort),导致技术转移内生化①。由于知识扩散效应存在,供应商技术投入与来自发包方的技术转移之间存在互动效应,对发包方技术转移的作用受到技术努力的代价和市场竞争结构的影响,而技术转移的构成反过来也影响对企业后续技术投入的激励,这个反馈效应是区别于上述单向影响模式的重要特征。在此基础上,我们结合实践中企业内生技术获取的渠道深入研究技术扩

---

　　① 与这个情况类似的是自主技术投入与外部获得同时发生,自主技术投入是从客户厂商(外包购买者)获取技术的一种补充。

散对技术转移行为的影响。

结合上述研究的基本逻辑关系,我们把双方企业之间的市场竞争关系纳入到技术扩散影响技术转移的模型中,综合下游知识扩散和上游知识扩散的不同特点,就影响发包方企业技术转移行为激励的因素分两个层面加以展开(见图5-7)。这个逻辑关系是考虑到双方的市场竞争关系影响发展中国家企业能否获得技术转移的传导过程。

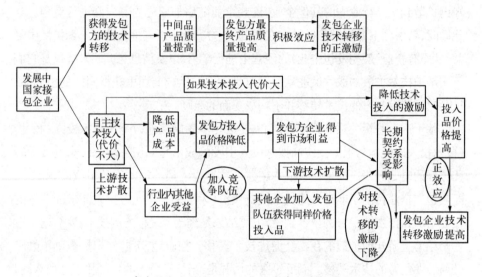

图5-7　考虑接包方技术投入和市场竞争因素的技术转移路径

当发展中国家接包方采取主动的技术投入的情况下,技术扩散效应包含的知识和信息的传导对接包方企业带来的效应体现为两个方面:

首先,发包方投资于技术转移的激励和接包方投资于中间品成本降低的激励都取决于作为主体的企业能够销售的产出,与相关的产出水平之间呈正相关关系。发达国家发包方企业的产出与投入品价格是反向变化的,而且与下游企业的市场竞争结构也高度相关,当接包方获得技术投入的激励,即传导为上游知识扩散,从而引起上游行业更激烈的竞争,所以接包方自主性技术投入的直接效应就是降低了企业的生产成本,相当于中间投入品的价格下降。归纳起来的关系如下:上游企业(接包方企业)技术努力带来的知识扩散使得产业上游市场竞争更激烈,最终导致降低了自己生产投入品的价格,这是对接包方的第一个效应。

其次,市场竞争形态进一步影响接包方企业技术努力受到激励。这个影响过程如下:当市场竞争加剧,引起发展中国家供应方企业产出降低,继而导致相关企业进行技术投入的激励下降,导致投入品价格上升,构成第二个效应。如果提高生产效率所需要投入的技术努力代价非常大,竞争对于投入品价格的第一个效应就通过降低供应商的技术努力(削弱了自身技术努力的激励)而引起竞争的第二个效应,即投入品成本降低受阻,价格提高,这个结果从长期看,会刺激发包企业技术转移。

综合上述两个效应得到的结论是,如果上游知识扩散扩大,最终会鼓励发包方企业开展技术转移。这个情况反过来也是正确的,当效率的提高不是需要很大的代价,更强的上游知识扩散将抑制技术转移。相类似的是,进入下游环节的新进入者会由于需求的传导而刺激外包供应商的产出,并间接引发供应商技术投入的提高。在此情况下,如果技术投入的成本非常低,投入品价格的下降程度将非常大,大到足以提高购买方企业出售的产出,而且不管下游市场竞争加剧。

综上,发展中国家承接外包企业进行的技术投入活动能够引致技术扩散,但是受到市场竞争和外包组织模式等因素的影响,主要包括如下因素:

首先,市场竞争结构因素。它对外包主体从外包业务中的获益带来影响,当存在上游技术扩散的情况下,如果接包方行业内更趋于完全竞争市场,则技术扩散对于外包发包方的积极效应更加显著,原因是这个市场结构下技术扩散引致的竞争升级将导致进一步推动接包方企业降低价格,对外包客户(外包发包方)而言带来低成本的好处。这个结果在外包发包方为行业领先企业的情况下更加明显,当发包方为处于行业领先地位的大跨国公司,发展中国家与其发展长期稳定关系的动机更强,接包方企业之间的激烈争夺的外包业务,客观上导致企业致力于提高质量或者降低价格,引发的间接效应是外包需求方从中受益。这是一个外包需求行业的垄断(或者寡头垄断)结果与外包供给方的高度竞争性市场之间的不对称所引发的结果。因此,在这一不平衡的市场结构情况下技术扩散引发的效应区别于前文的技术扩散的一般效应,技术扩散将引发发展中国家企业为了获得外包而进行的努力,彼此之间价格竞争或者额外的投入,旨在提高竞争力,因此该效应并不是双方受益,对于接包方可能带来获利下降、成本提高的负面影响。对发达国家特定企业(领先企业)而言,延伸效应是发达国家企业在本国市场上的竞争优势相应提高。需要注意的是,在这一普通模型中,假设只有一个发达国家的特定企业能够从事技术转移。如果有多个发达国家的企业愿意将技术转移给发展中国家的企业,那将会出现什么情况呢?答案取决于发达国家市场进入的便利程度。当市场进入不畅时,发达国家业已存在的企业之间的竞争将会缓和,这将导致发达国家特定企业的技术外溢更容易地由本国企业获得,对产业升级带来积极的外部效应。

其次,发展中国家承接外包业务的组织机构的发达程度也影响到接包方利益空间,在现实中主要以贸易代理机构为载体。根据上述技术效应的模型,该效应成立的一个前提就是发展中国家企业获得技术扩散必然导致成本的降低。但是,这个结果在现实中受到相关产业组织国际外包的机构形态的影响,一般而言,发展中国家承接国际外包是在贸易代理机构充当中介组织的情况下发生的,贸易代理机构所在的行业竞争形态必然影响到接包方企业的获利程度。当有一家新的贸易公司进入外包接包中介市场,打破原先独家贸易代理机构的形态时,发展中国家接包企业的实际利润会有所上升。这个效应导致原先只存在一家贸易代理机构时发达国家特定企业独享整个收益的局面发生扭转。这个效应发生机制对于政策制定的启示在于,需要在接包方国家鼓励多家本地代理机构的发展,从而影响发包企业与发包企业之间差距较大的利益分配格局。从东亚新兴工业化经济体经验看,在韩国和中国台湾 20 世纪七八十年代电子产业承接外包的过程中,业内多家贸易代理公司并存构建的竞争性市场环境为提高接包方的潜在收益发挥了重要作用。

第四节　技术升级的形成条件——
发展中国家的技术学习

在技术后进方的技术升级进程中,外部先进技术的内向转化是升级的核心机制,其中以"干中学"为主的技术学习机制被认为是最重要的转化机制。这可以从信息技术产业发展中国家国际化生产的具体形态入手,结合知识形态转化理论分析该机制的发生过程。

一、技术学习的成因与特点

作为发展经济学内部的一个重要主题,发展中国家的技术学习(Technology Learning)理论是我们认识发展中国家开放条件下技术升级的一个总体思路。技术学习对发展中国家企业的最终影响可以简化为由一端的国外先进技术转变为另一端的自身技术发展。近年来的研究中,有学者在开放条件下技术积累阶段的框架下分析了发展中国家吸收国内外技术来源的多元化模式和效应(Paola Criscuolo, Rajneesh Narula,2002),研究指出各个阶段中外部知识流动的特点和相应的对内部技术投入的要求,并强调在这个技术动态累积过程当中本地的研发投入对进入积累过程动态循环构成的"门槛"条件。研究认为,目前大部分"赶超型"的发展中国家,实现技术模仿的机会正在下降,因此激励跨国公司内向型的研究体系,发展与本地资产性技术投入的关联是非常关键的。

　　在以全球信息技术产业的发展态势为视角的全球化研究中,很多学者都指出了发展中国家参与该产业国际生产体系对于缩小发达国家与发展中国家"知识鸿沟"的积极效应。这个结果的原因除了产品的微观特性以及市场扩张带来的知识流动效应之外,产业的国际分工模式的演变也构成跨国公司发展全球合作伙伴的内在动因。在"摩尔定理"等一系列技术发展周期规律的作用下,发展中国家往往只需用比技术原创国家小得多的代价"启动"产业的制造活动。因此,参与该产业的跨国生产网络的门槛是非常低的。另一方面,从这些"后来者"本身的技术能力(包括创新能力)而言,激发本地企业在参与产业跨国生产网络过程中的学习是获取市场效益之外的重要目标。这个效应的大小成为影响发展中国家的动态分工地位以及和发达国家合作与竞争模式的关键因素。

　　综上,我们着重从动态性的特点来归纳发展中国家技术学习的特征,将技术学习作一个阶段性的描述。根据对主要学者研究成果的总结和归纳,发展中国家技术学习的阶段及其特征见表5-3。

表5-3　　　　　　有关技术学习阶段及其特征的相关理论成果

作　者	主要阶段及其特征			
Enos(1962)	获得技术	适应技术		
Stewart(1979)	能力建设	初步适应	新技术	
Teitel(1981)	适应	逐步提高	技术改造	
Dahlman(1993)	生产工程(Production Engineering)	项目实行	资本品制造	R&D
Katz(1984)	产品工程	过程工程	生产工程	R&D
Fransman(1985)	寻找与适应	适应,提高	发展	R&D
Pavitt(1985)	使用资本品	逆转工程	R&D	基础研究
Westphal. et al. (1985)	使用资本品	适应	生产升级	技术关联
Lall(1987)	先期投资	项目实施	技术提高	创新
Enos(1991)	技术转移	吸收	适应	扩散
Amsden(1989)	获得外国技术	边际性的变化	设计能力	扩散
Hobday(1995)	装备	工程过程	模仿性学习	创新能力

　　资料来源: Jin W. Cyhn, Technology Transfer and International Production — The development of the electronics Industry in Korea, Edward Elgar Publishing Limited, 2002。

　　从表5-3中可以看到技术学习阶段与自身技术水平之间的动态相关性。在工业化进程的初期,自主的创新能力非常弱,对于外国技术的依赖性特别强。当地企业的技术发展的努力主要集中于对外国技术进行适应性的改造,使之适应于当地的原材料与零部件的配套水平。随后,当技术能力逐步上升,具备了模仿的可行性,企业的技术学习就主要表现为对新产品的复制、逆转工程(Reverse Engineering)与适应性模仿。在经历了一段时间通过模仿来吸收外国技术的发展阶段之后,企业进入"干中学"阶段,随着合作双方关系的日趋紧密,技术先进一方的技术扩散效应进一步加大,对发展中国家而言,这是获得技术能力的有利条件。

　　对于技术学习效应的实现,我们可以结合技术能力的概念加以分析。根据发展经济学理论,技术能力可以定义为"能允许生产性企业有效地利用设备和技术性的信息,是技术、管理和机构的综合"(Lall,1996)。技术能力并不是那些技术设备或者在企业所购买的图纸和专利产品所代表的技术档次,这些仅仅是技术能力投入工作的工具。当然,技术能力也不仅仅是企业雇员的教育素质,尽管技术能力很大程度上依赖于企业雇员的教育和培训,而且包含企业个人的技能和学习。在本质上,技术能力是一种方式,是企业能够结合上述的各类因素使其在一个机构的层面上发挥功能,伴随着即时的成员之间的相互交流,信息和决策的有效的流动和协同要比个体技能和知识的总和更大。技术能力作为一个动态的概念,从低到高可以分为四个层次:第一个层次是简单的操作技能,主要是有效地操作设备或者服务的制造技能、质量控制能和维护技能;第二个层次是仿制能力,包括用以购买和融合国外先进技术的投资能力;第三个层次是适应性能力,包括适应并且改善从国外进口的技术,以及为更加复杂的工程项目提供设计的能力;第四个层次是创新能力,基于正式的研发活动,企业能够赶上国外技术前沿来创造新的技术。这个由低到高的发展进程是以获取外国技术为起点,并以在吸收技术的基础上转化为创造新技术为终点,因此可以分解为两个阶段:"知道怎么样"和"知道为什么"(Lee et al.,1998)。它们之间的区别在于:前者更倾向于能够熟练应用转移过来的技术;而后者则需要掌握其背后的道理,在此基础上能够引发技术的进一步扩散。

二、实现技术学习的载体

　　发展中国家企业技术学习的前提是与发达国家之间的知识差距,由于差距的存在带动技术转移,通过技术许可、FDI以及外包等多种渠道,获得外在形态的技术(包括技术载体的设备)以及伴随着国际化生产活动过程的各类隐含知识,都是技术后进国家实现学习效应的载体。

现实世界里,以亚洲"四小龙"为代表的新兴工业化经济体在电子信息制造业上实现的成功追赶很大程度上受益于企业强大的技术学习效率。在大部分情况下,后进国家企业从技术原创国家获得相对成熟的技术,而相对应的产业国家转移进程是进入标准化阶段的产品生命周期特征,后进国家企业因此获得产业生产能力的扩大,但是这并不代表创新的能力。真正意义上的技术发展不仅仅包括从"免费获得的国际平台"那里被动地获得外国的技术蓝图,为了能够实现可持续的技术发展,它们必须在根本上改变国内能力(Katz,1984)。然而,跨国公司所具有的技术知识与信息经常是隐含在所转移的技术设备中的,这个物理性的技术转移并不一定包括知识的转移,基于跨国生产网络下的各类关联活动是技术学习的外部支持,要得到真正有效的知识积累和能力发展(主要是将技术潜力转化为现实创新行为的机制)还需要发展中国家自身的努力。

技术学习的发生过程从外部来源到技术能力获得的过程如图5-8所示,作为技术源头的发达国家企业技术转移存在于发展中经济体的跨国生产网络的模式中,可以区分为直接方式(以FDI为主)和间接方式两大源头,构成技术后进国家技术学习的"动力源"。这两个来源本质上都受跨国公司全球化战略的影响,而且

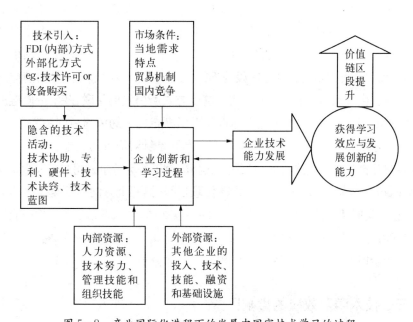

图5-8　产业国际化进程下的发展中国家技术学习的过程

资料来源: UNIDO"2002~2003, Industry Development Report — Competing through Innovation and Learning", 2003, p. 98。

在全球生产经营在区位节点的实践发展中呈相互依存关系。由这个源头到企业获得技术能力,还取决于市场条件和内部相关资源的投入。

在信息技术产业跨国生产网络内,以外资与国际外包为主要平台的信息技术产业网络已经将大部分国家纳入其中。国际合作双方的各类关联都是由这两大来源展开的,构成发展中国家技术学习的场所,当地企业在国际价值链内每一个主要环节中的市场或非市场活动都包含着不同形式、不同内容的技术学习活动。这个国际生产网络对发展中国家产业升级的效应来自两方面的动力:一是跨国公司近年来以研发全球化为背景的本土化经营战略;二是来自合作企业之间非资产纽带的知识与信息交流。在两方面动力作用下,发展中国家企业从国际生产网络中获得隐含知识的渠道日益增加,企业具备的技术能力水平影响着它们在整个产业价值链中参与的特定环节,而企业在该环节中相关的生产、经营与研究活动反过来又影响技术能力的提升,两者之间呈现一个相互影响、相互制约的关系。可以说,每一个国家在产业的价值链全球安排中的参与环节是与各自的技术能力密不可分的。从这个意义上看,成功的技术转移不仅仅是获得生产中的知识,而且还意味着技术能力的建立;它同时还意味着技术转移的有效性在很大程度上依赖于接受技术的企业的技术学习的成功。这里涉及一个如何理解后发国家获得竞争优势的问题,在导致技术引入的两个主要模式中,FDI模式是跨国公司以投资长期生产性项目作为进入发展中国家市场的路径,已经成为发展中国家参与跨国生产网络的主导方式;而另一种以价值链部分区段的外部化为本质的合约方式则是目前信息技术产业跨国生产网络日趋活跃的方式。这个方式所引发的关联,基于价值链形态的国际扩展表现为三个方向:一个方向是以长期合约为约束的后向关联,当地企业的职责通常提供原料和中间品;第二个方向则是针对海外与当地市场需求合作建立各类营销和市场网络的前向关联。典型的例子是英特尔公司在马来西亚推广的"Vendor Partnership"(分销商合作伙伴项目)。第三个方向则是当地化的前向关联,这个关联建立的条件是让当地企业来承接分销功能,通常是由当地企业作为代销(或者分销商)发展分销网络来"撬动"知识流动。中国台湾的宏碁集团国际化进程初始阶段就是为美国领先(龙头)电脑企业作分销商。

三、技术学习效应的影响因素

技术学习效应的内容高度依赖参与国际化生产的主体之间的技术关联。从全球价值链的技术关联形态来看,需要从两个视角加以分析。

首先,价值链内部技术关联的多元化。体现技术流动和技术创新的微观载体不限于新产品开发本身,还包括提升生产能力、开发生产环节之外的活动(设计和营销技巧能力)、客户和市场对象的分散、引入新产品的能力或者迅速模仿行业领先创新企业的能力,都可以归入广义创新的范畴。基于前文提到的价值链内部的关联,可以将技术学习与价值链内部关联活动相结合,就技术学习效应发生的载体加以分析(见表5-4)。

表 5-4　　　　　　　　技术学习发生的主要环节与相关内容

主 要 环 节	技术学习类型	主要的学习领域和内容
1. 企业内部的关联		
制造活动	干中学	主要体现为生产率的变化
新产品的逆转工程	通过应用来学习	开始掌握技术诀窍和生产技能
技术创新的投资	在 R&D 过程中的学习	常规性的技术活动,以及为寻求新的创新领域过程中的学习
人力资本的培育	边设计边学习	在产品的外观和功能上进行修改
2. 价值链之外主体的关联		
以要素市场作为媒介的关联	招募人才和获取专业培训	在个人和公司整体两个层面上实现能力的提高
与其他机构之间的关联	从政府所属研究机构那里学习	获得科技突破的新知识和相关学术研究成果
	从研究机构与大学那里学习	非商业关系的合作,引致技术分享的机会
	从供应商/客户那里学习	获得供应商与客户的产品信息反馈
3. 与跨国主体的关联	从作为合作伙伴的跨国公司那里学习	国外跨国公司向发展中国家分支机构转移技术
	从国际市场上购买技术,推动技术学习	需要克服国际技术市场壁垒和跨国技术联盟的"无形壁垒"

资料来源: Jin W. Cyhn, *Technology Transfer and International Production — The development of the electronics Industry in Korea*, Edward Elgar Publishing Limited, 2002。

表5-4中将关联分成价值链内部关联、企业对外关联以及企业之间的关联三个领域,每个领域下都包含了发展中国家获得技术提升的机遇,综合构成发展中国家参与国际价值链积极的技术效应。从长期看,技术学习可以帮助发展中国家实

现价值链的整体跃升，但这个结果还需要其他外部冲击的动力，包括产业主导技术的变革、学习需要、规模经济、交易与协调成本、经营收益以及物流功能。其中，"简单技术"往往推动购买者驱动的价值链，而"复杂"技术和适宜技术则更多地促进供应者驱动的价值链，后者一般是由跨国公司来协调。对技术相对后进的发展中国家而言，进入全球价值链并不意味着自动获得不断上升的能力阶梯，而是获得提高生产能力的快速轨道。

其次，国际价值链内的领先企业通过跨国经营组织影响技术学习的形式。这类企业既包括实行全球"寻源"的跨国生产者，也包括不直接进行生产但是在全球不同区位组织生产活动的零售企业。在发达国家之间的国际价值链，其形成动力要么来自购买者要么来自生产者，但是在现实中，锁定这些国际价值链以及产业层面的国际生产网络的决定还是来自发展中国家内的新兴市场群体（具有后发优势的经济体）。发展中国家企业在国际价值链中的位置主要体现在以制造和加工环节为核心的国际供应链层面上。对相关的发展中国家主体而言，构建国际供应链的关键动力不仅仅在于价格、质量和交货时间准确等"硬性"指标，还在于从领先企业（一般是发达国家大跨国公司）那里学习和吸收"建议"的意愿。因此，全球价值链并不限制企业（企业有充分自由），但是又是具有约束的。这类关联和创新可能性是企业的机遇，而不是企业持续发展的障碍，尤其是在制造业，在广泛的国际网络内安置的当地活动（发展中国家当地企业的参与）对于发展中国家能力（综合能力）提升是一个机遇。

但是，参与相关价值链环节的实践也经常是导致与现有客户之间冲突的原因，一些发展中国家企业甚至出现了沿能力阶梯下降的结果。对于后来者（具有后发优势的发展中经济体企业）从发达国家合作方那里尽可能多的获取，以此作为提供低成本制造功能的交换是极其重要的。这个基于后来者企业要素优势的相机抉择必须伴随着获取知识的战略性选择，因此，发展中国家相应的战略导向就是尽可能挖掘学习效应。

第六章

发展中经济体技术升级
的路径与特征
——基于中国台湾的案例分析

信息技术产业国际分工进程深化的一个重要表现是价值链高端环节内部的进一步专业化,这个环节本身逐步形成次级价值链,这在芯片产品上表现得尤其突出。作为代表集成电路产业最活跃的产品,芯片产品附加值形成过程不仅集中体现信息技术产业融合越来越多的服务功能的趋势,而且也是产业价值链"片段化"国际转移的典型载体。中国台湾的 IT 产业是发展中经济体最具国际竞争力的 IT 产业之一,该产业的国际化发展进程鲜明地体现了发展中经济体开放条件下技术进步的发展路径。

第一节　中国台湾与芯片产业的全球价值链

随着半导体产业技术创新活动在创新广度和深度上的发展,芯片作为产业上游核心部件之一,其专业化分工的深度持续加深,形成一个从芯片创意、设计、实现到制造封装的多环节价值链,是半导体产业部门下相对独立的一个产业价值链。中国台湾目前是发展中国家芯片产业发展最典型的经济体,结合该经济体在芯片产业国际分工中的格局与参与国际化生产的方式,我们将探索这一全球价值链下空间分离的形态以及台湾企业获得竞争优势的因素。

一、芯片产业价值链的构成与技术特征

芯片行业属于 IT 硬件领域内的高端子产业,核心业务是芯片设计和芯片生产,目前芯片价值链包含从芯片需求研发、芯片设计、相关软件和设备开发以及芯

片测试和芯片制造的多个工序。这些工序在生产要素获得和组织方式都呈现高度的跨国特征,与前文所论述的价值链内部跨越国界的"生产分离"形态是高度一致的。目前,实现产业内芯片设计与生产环节的企业是整个行业中成长性最强、创新最为活跃的群体,在不同经济体之间的跨国组织特征也最明显,形成一个国际化的芯片生产和设计网络,在现实中主要体现为以下九种类型的企业:系统软件公司、集成设备制造商(Integrated Device Manufacturers, IDMs)、电子制造服务商(Electronics Manufacturing Services, EMS)和设计服务(Original Design Manufacturer, ODM)提供商、芯片设计工作室、硅电路设计知识产权(Silicon Intellectual Proporties, SIPs)的授权商、芯片制造承包商、电子设计自动化设备供应商(Electronic Design Automation, EDA)、芯片封装测试企业以及设计实现服务供应商。在过去几年里,这些企业都在芯片设计领域扩大投资,并计划在该领域继续开拓国际业务。同时,美国和欧洲等国的研究开发机构也纷纷在亚洲经济体投资建立当地的研发中心,或者与当地企业合作开发新技术,在亚洲相关经济体覆盖的芯片产业价值链环节已经从生产环节向设计和研发的高端环节发展,形成从芯片设计到成品封装测试的产业集群。中国台湾已经集中了一批具有国际市场知名度的芯片生产企业,这些企业的技术优势已经逐步从芯片制造延伸至芯片设计,在此技术上很多企业兼有自有品牌生产和承接外包的两类业务。

　　根据对上述企业业务运作实践的梳理,可以将芯片价值链分解为上游、中游和下游三个环节(图6-1)。上游环节是产品定义与设立标准,企业的功能是提出芯片的新概念,根据市场需求和相关技术创新成果,确定芯片开发对象的标准和基本技术要素。中游环节是芯片概念实现阶段,主要内容是企业确定芯片系统与内部技术参数、设计芯片内部主要构件并加以集成,这个环节可以进一步细分为六个子阶段,是基于芯片设计技术可分性的设计实现活动的专业化分工(图6-1内中间大框架)。下游环节则是芯片产品的制造阶段,包含晶元的制造、封装与测试,是采用芯片设计实现的技术将芯片材料加工为芯片成品。这三个环节构建了价值链从概念形成到产品制造的完整价值链。通过图6-1,我们可以看到价值链内部鲜明的跨国界"生产分离"的形态,体现了芯片产品内国际分工的特点。在上游的市场分析和产品策划环节,占竞争优势基本上是发达国家企业,一般是行业内的旗舰企业,而中游的集成设计与实施流程环节以及下游的封装与制造环节,以中国台湾为主的东亚发展中经济体已经具备较强的竞争优势,但是在这个环节所需的自动化设备制造,仍是发达国家企业占优势的领域,同属下游的半导体材料开发与制造设备研制也是发达国家企业具备竞争优势的领域。可见,发达国家在上、中和下游环

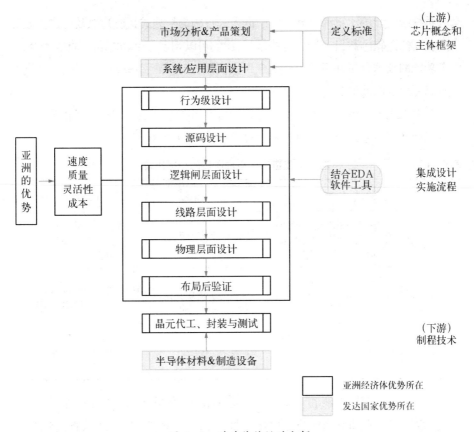

图 6-1 芯片价值链的分解

资料来源: Dieter Ernst,"Complexity and Internationalisation of Innovation — Why is Chip Design Moving to Asia?", International Journal of Innovation Management, Vol. 9, No. 1, March 2005, p. 8。经作者修改。

节内的特定工序都具有优势,包括芯片定义和标准设定、EDA 软件工具以及半导体材料开发与制造设备,这反映了发达国家企业掌握芯片系统/应用的技术规格以及支持晶元生产的特定设备核心技术的优势。

根据图 6-1,芯片价值链中游环节的设计实现环节以及下游的封装测试在发展中国家的发展高度集中于台湾地区,主要通过美国等发达国家跨国企业以对外投资以及外包纽带实现转移,以芯片代工合同为载体的生产是台湾承接芯片生产跨国转移最重要的形式。

上述分工格局的一个基本成因是各个环节在技术复杂程度上的差异,虽然芯片行业整体上是半导体产业内高度技术和资本密集的产业,但是价值链内部各项功能在技术复杂程度上还是存在着差异。与该产业密切相关的技术指标包括流程技术的线宽(一般以毫微米为单位)、模拟信号和混合信号设计(比数字设计更复杂)、系统级设计的比重与类型(例如,嵌入式系统与封装式系统),以及在这类设计中所使用的逻辑闸数目。通过这些指标,我们可以判定各个功能环节的技术含量,各个功能的技术含量并不是沿着概念研发到制作完成而递减,而是在此生产过程内有高低程度的波动。

针对上述芯片价值链内三个专业化分工环节的活动,我们区分价值链上、中、下游三个环节考查价值链内技术复杂程度的差异(见表6-1)。

表6-1　　　　　　　芯片价值链三个组成阶段的特征比较

	业务活动	技术复杂程度	衡量标准
价值链上游	芯片概念和标准定义阶段:根据市场需求提出新概念,并设计	最高:深入的市场分析和芯片系统框架创新设计	特定芯片、印制电路板或者系统下能够融合了多少功能
价值链中游	芯片设计实现环节:将设计环节分解成若干个包含常规技术的模块	中等:创新要求不高,但对芯片系统下模块化设计方法和知识要求相对高	设计流程技术的线宽、设计中使用的逻辑闸数目
价值链下游	生产加工活动:技术是生产制程技术制造工艺范畴内的技术形态	技术复杂程度较低	制造流程技术、测试技术

芯片设计价值链内部的专业化分工在具体经营模式上,表现为具备芯片概念创新优势的芯片业旗舰企业将芯片开发项目分解出多个"模块",即从概念形成、系统设计到具体开发的多个模块,通过外包纽带完成整个产品的市场附加值,同时通过各类组织优化导向的模式将相关功能环节纳入到高效的管理系统中。

作为全球第一和第二晶元代工厂的中国台湾台积电公司和联电公司是全球IC产业举足轻重的企业,与业内包括英特尔公司、AMD公司在内的旗舰企业的外包合约实际上属于相互依存的企业联盟,而台湾本土的IC设计能力也已经达到全球领先水平,例如本地的华邦和旺宏都是已经拥有自主品牌和设计能力的IDM,在全球市场上占据核心位置。而且,在上述的IC设计专业化细分格局中,台湾企业也拥有国际竞争力,例如美国的AMD公司将最新研发成功的部分绘图芯片与芯片组产品委托给台积电公司、联电公司,根据AMD的规划,公司最新的Fusion处理器,其计算单元(CPU)以及图形处理单元(GPU)将分开制造,CPU核心部分采用基于Bulk CMOS的55纳米工艺技术,生产外包由台积电公司来完成[1]。

---

[1] 资料来源:上海市经济委员会、上海科学技术情报情报所:《2008年世界制造业重点行业发展动态》,上海科学技术文献出版社2008年版,第66页。

二、芯片产品设计环节的"次级价值链"

前文所描述的芯片价值链近年来呈现的发展动向是特定环节内部的进一步专业化分工,其中最典型的是芯片设计环节内部通过国际分工形成若干子工序构成"次级价值链"。从技术革命的大背景看,这个分工形态离不开当代网络和通信技术的发展对提高生产工序技术可分性的积极作用,同时也受到芯片设计流程组织模式的创新以及跨国公司成本优化导向战略的影响。

从 20 世纪 90 年代中期开始,电子系统日益增长的性能需求,催生了芯片设计方法的革命性变革。从 20 世纪 80 年代以来,半导体制造的生产率以每年 58% 的复合增长率快速发展,而芯片设计生产率相比则低得多,复合增长率仅为 21%(SIA,1999)。随着电子系统性能需求不断增长,电子计算机、通信设备和消费电子在性能上相互交叉,在电子系统力求更轻、更薄、价格更低的同时还要满足功能的可延展性和省电的特征,产品的核心性能指标一般每两年翻一番,这个创新速度无疑对芯片设计模式提出变革的要求。上述客观因素对跨国公司谋求芯片行业内分工和组织方式的创新带来压力,跨国企业与研发部门合作开始积极谋求从技术和流程管理上分离出设计子工序,后者对应于芯片技术群内部的"局部性"技术,在组织模式上则进一步分解出多个模块。为了分散风险和降低,跨国领先企业将设计流程的"低端模块"通过外包转移到亚洲新兴工业化经济体,以此降低成本。承接设计外包的发展中经济体企业与发达国家核心企业之间的差距也无法简单地以价值链的高端与低端之间的差距来理解,而是需要从多元化技术发展路径之间的分工加以理解。

芯片设计的"次级价值链"通过跨国公司具体经营策略构成了一个芯片全球设计网络,该网络类似于"中心—外围"结构(如图 6-2),从中心到外围包含三个层次的企业群。核心层是芯片价值链的主干环节的企业,这类企业的业务涵盖芯片价值链相对战略性的功能,包括系统设计与详细设计。前者主要负责芯片定义和系统层次设计,后者则在此基础上针对芯片设计思想而给出更加具体的设计方案与路径。其中相对处于外围的是 IDM 工厂,覆盖了设计、组装与芯片铸造的"多功能"企业,这类企业在一些技术复杂度比较低的芯片产品上是核心企业的重要补充,目前 IDM 企业集中于芯片系统设计业务,而把芯片铸造和组装活动外包给专业供应商。网络的中间层是服务于芯片价值链的专业服务供应商,其中比较重要的有专业化于系统规范与芯片测试的芯片制造设备供应商(EDA)、硅电路设计知识产权(SIP)授权商和设计服务提供商。设计网络的最外层则由专业化于芯片产品制造的企业构成,包括电子制造服务商(EMS)、原始设备制造商(ODM),专业化

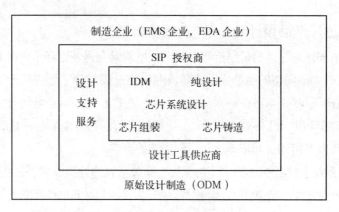

图 6-2　多层级的全球芯片设计网络

资料来源：Dieter Ernst，"Complexity and Internationalisation of Innovation — Why is Chip Design Moving to Asia?"，International Journal of Innovation Management，Vol. 9，No. 1，March 2005，p. 12。

于承接核心层企业的制造外包业务，有相当一部分企业专业化于半导体制造设备的生产或者半导体材料的生产。核心层的企业与外围企业之间的外包合作从芯片测试工作的外包起步，逐步发展为将芯片单项设计活动也外包给中间层的企业，后者的专业化活动促成了芯片产业链构成的变化，一批专业芯片设计公司(Chip Design House)得以迅猛发展，形成产业链内高端功能环节内的分化。

这个网络结构形态的发展形态背后是芯片产业内部垂直专业化不断深化的发展进程。早期发展阶段下的网络表现为设计与制造的"两极"结构，随着专业化分工程度的加深，芯片设计和制造逐步分离，在芯片设计的专业化活动中，芯片设计最初集中于特定用途的集成电路(Application Specific Integrated Circuit，ASIC)设计活动，通过专业化分工能使全定制集成电路设计所需的成本和时间大大降低。

通过对这个价值链的分解，我们对发展中经济体目前参与高技术产业价值链的高端环节的路径以及相关条件有了一定认识。通过考察芯片设计价值链专业化分工的形成因素与影响，为分析中国台湾在该国际价值链内的定位作了一个铺垫。

三、芯片设计"次级价值链"内的中国台湾企业

根据上述芯片设计的跨国"次级价值链"的形成过程与特征，我们进一步观察到高技术产业垂直分工格局下的分工程度进一步加深的发展趋势。从宏观的国际分工视角看，这个分工格局不同于传统意义上的低端制造环节与研发环节之间的分工，而是作为价值链高端环节内部的进一步专业化，也是企业创新活动融合了内

部化模式与外部化模式的一个尝试,而中国台湾作为新兴工业化经济体的活跃参与,对于我们考察发展中经济体进入跨国的"创新劳动分工"有着重要的参考意义。在上述专业化分工格局下,中国台湾作为芯片代工企业的领头羊,已经广泛地参与了芯片设计内部的专业化活动,但是,相应地,多元主体共同参与的芯片设计工序使得该工序内部进一步专业化。

这一跨国的芯片设计网络形态在现实中的国际格局表现为:中国台湾的系统设计企业推出芯片的新系统结构,美国的 IDM 企业提供设计平台,其中的具体模块由欧洲的 SIP 授权商提供专业技术,台湾 EMS 企业则负责过程设计;而来自美国和中国台湾其他专业设计工作室则负责详细设计并分解为开发模块;而芯片加工、组装和测试有的在中国台湾完成,有些则转移到中国内地企业与一部分新加坡芯片制造商;部分美国企业和印度的软件供应商为芯片设计活动提供设计自动化软件(EDA)和芯片测试设备;此外,还有其他一些技术服务工作由菲律宾等亚洲国家的专业信息技术服务公司提供。

芯片设计环节向亚洲的转移除了来自市场导向的动因外,还有一个重要动因就是创新效率的战略考虑。从跨国公司全球经营战略的视角看,将整个设计团队集中在母国是不利于提高创新效率的。跨国公司认为,要把大批差异很大的员工集中在一个地方,变得越来越难,成本也越来越高。当设计团队集中在一个地方,特别是在母国,他们将变得过于强势,以至于不利于创新效率的提高,因此,在设计功能的安置上保持一定的分散是非常重要的。

由于芯片设计活动在芯片产业价值链内逐步形成独立的专业化发展道路,而且包含已经成为高度复杂的技术系统,其中的多层次沟通和知识交流成为保持芯片设计网络顺畅运行的重要途径。相应的,大量彼此之间专业化技能相异的各类设计师之间需要频繁的沟通,由于各个模式的设计人员客观上高度分散于各个地理区位,这个特点既是激励创新的积极条件,也导致不同设计界面间的协调变得很棘手。

上述芯片设计"次级价值链"的形成与标志着这个工序从企业内部模式转向借助企业外资源的开放模式。将芯片价值链进行内部分割,实现芯片设计在资源筹供和组织协调上的跨国界安排,在芯片行业的整个组织架构上构成了鲜明的多层网络形态,突破了早先技术原创方为核心的垂直一体化分工格局。20 世纪 80 年代中期以前,系统公司和 IDM 企业几乎都在企业内部进行芯片设计工作,此后,芯片生产下的垂直集成则表现为每个公司聚焦一个独立组件的设计,随后被插入到一个印制电路板中加以集成。这个传统模式在芯片设计环节下应用多年,而台湾企业通过实践经验的总结对此加以改良,首创了一种新的设计模式,即"基于芯片的系统"(SOC)。这个创新的设计模式大大推动了芯片项目运作的垂直专业化,帮助企业将设计价值链进行分解,分散在全球不同的地理区位上,通过这个方式组织起来的整个芯片价值链,逐步形成一个复杂的、多层次的全球设计网络,这个网络根据特定项目的需求构成多变的结构形态。以芯片设计这一价值链"高端"的专业化为例,行业内领先的跨国企业与中国台湾为代表的发展中经济体企业之间通过跨国纽带构成一个多层次结构的网络化架构,即芯片行业的 GDN(Global Design Network),不同于早期垂直分工的国际生产网络的特征是,该网络因为具备"委托—代理"关系的生产合约而呈现关系简单且不易有摩擦的特征(Arms-length "Frictionless" Contracting)(Langlois, 2003; Linden and Somaya, 2003)。

所以,芯片设计网络内的垂直专业化无疑提高了效率,但是同时需要参与主体之间的协调和知识交流,通过组织创新促成一种有效的、灵活的组织环境。这个组织创新具体落实在发包企业与承包企业之间互动式的沟通与协作,不仅需要发包主体对多个接包方主体在技术层面上的统一管理,也更加需要分散于不同地区的设计团队间的知识交流。

第二节　中国台湾承接芯片外包的国际竞争力

芯片设计作为具备高度技术复杂性的产业,是整个信息技术产业中技术密集度最强的子行业,中国台湾目前在芯片代工[①]领域的国际竞争力离不开它多年来在 IT 产业国际化生产进程中积累的技术和管理能力。在整个亚洲地区,中国台湾已经成为半导体集成电路国际生产网络内的主导经济体。台湾地区在芯片代工的生产规模上已经达到全球第一,而且若干企业在芯片设计和制造领域也已经达到世界领先水平,在产业国际生产网络内具有举足轻重的地位。该产业的发展历程也深刻体现了技术后进国家在产业国际化进程中实现价值链升级的轨迹。

一、中国台湾企业承接国际产业转移的进程

相比亚洲"四小龙"其他经济体,中国台湾在信息技术产业具有较高的国际竞争优势,在出口规模还是技术开发能力上都处于发展中经济体的前列。目前中国

---

① 　芯片代工是中国台湾对于承接芯片制造外包的提法。

台湾企业生产了占全球 60% 的笔记本电脑,90% 的笔记本电脑母板,60% 的 LCD 和 50% 的 CDT(计算机显示终端),以及占全球 25% 的与上述产品相关的技术服务,在部分子行业上(例如集成电路产业)上的生产规模已经超过美国和日本。

(一)利用外资启动 IT 产业的国际化

中国台湾 IT 产业的国际化进程起步于 20 世纪六七十年代,以积极利用美国与日本跨国企业的投资为举措,吸引大量美国和日本的跨国企业在台湾的直接投资,这个阶段的国际产业转移遵循产品生命周期的规律,体现为进入标准化阶段的电子产品生产由发达国家转移到中国台湾,利用当地劳动力优势生产并出口来维持市场收益,中国台湾当地企业也因此获得来自日本和美国企业的成熟技术,IT 产业成为当地经济出口导向型产业的主体。

在半导体集成电路产业上,台湾企业在初创期同样也重视利用欧美国家的产业转移,早期的模式主要是引进外国直接外资成立合资企业。从 20 世纪 70 年代欧美跨国公司开始在台湾地区建设集成电路工厂(见表 6-2),最早投资的欧美企业是菲利普公司,它旗下的 PSK 公司是中国台湾业内历史最久的工厂,具备为各类技术复杂性的半导体产品作封装与测试的专业能力,对台湾集成电路产业的发展曾作出过重要贡献。由于该工厂的业务是从为母公司作封装开始,因此台湾地区的半导体产业从封装业起家,至今仍然是芯片封装最重要的基地。外资企业从 20 世纪 80 年代开始逐步将它的产品从"资本/技术密集型"升级为"智力密集型",相应的产品战略扩大至 IC 设计、封装测试与显示器制造以及它们的 CRT,后来合资企业还投资了台湾联合集成电路公司(UMC)并开始制造笔记本电脑,由此国外大企业的直接投资和技术引入对台湾集成电路产业的成长发挥了关键作用。

表 6-2　　　　　　　　中国台湾半导体企业芯片的历史发展阶段

年　份	业　务　构　成	典型企业(与海外企业合作情况)
1969	集成电路封装	菲利普(台湾)公司
1974	集成电路封装与测试	PSK(菲利普台湾半导体工厂)
1989	芯片测试、封装与测试	PSK(菲利普台湾半导体工厂)
1986	投资于芯片生产	与 TSMC 成立合资企业
1986	芯片产品设计	台北总部半导体设计中心

资料来源:Terence Tsai Bor-Shiuan Cheng,"The silicon Dragon:High tech Industry in Taiwan",Edward Elgar Press, Cletenham, UK, 2006。

（二）通过海外转移推动产业结构调整

在台湾企业通过积极利用外资进入全球半导体集成电路产业生产体系的同时，台湾岛内的领先企业也开始启动产业的岛外转移。从 20 世纪 90 年代以来，台湾企业对外直接投资日趋活跃，主要是将个人电脑和成熟通信产品的生产基地进行岛外转移。这一岛外投资进程导致岛内的生产规模逐步缩小，以 1995～2000 年阶段为例，台湾岛内计算机硬件的产值在总的计算机硬件总产值中所占比重逐年下降，从 1992 年的 88％下降至 1995 年的 72％，到了 2000 年仅为 48％，平均每年下降 5％。从 2000 年开始，台湾企业的离岸生产总额超过了台湾岛内的生产总额（见表 6-3）。

表 6-3　　　　中国台湾 1995～2000 年计算机硬件生产的主要特征　单位：百万美元，％

年份	总　体		岛　内　制　造		海　外　制　造	
	产　值	增长率	产　值	增长率	产　值	增长率
1995	19 543	34.0	14 071	21.5	5 472	82.2
1996	25 025	28.1	16 999	20.8	8 036	46.9
1997	30 174	20.5	18 889	11.1	11 285	40.4
1998	33 776	11.9	19 240	1.9	14 536	28.8
1999	39 398	18.1	21 023	9.3	18 375	26.6
2000	48 076	20.5	23 209	10.4	24 867	35.3

资料来源：MIC ITIS 项目，台湾信息产业研究所，2000 年 11 月。转引自 Sanjaya Lall, Shuijiro Urata, "Competitiveness, FDI and Technology Acting in East Asia", World Bank Institute, 2003, p. 144。

在对外直接投资的区位选择上，中国台湾企业的首选地是中国内地沿海城市，通过大量投资建厂，中国台湾将个人电脑和通信产品配件制造和装配业务转移出去，除了 1997～1999 年之间受亚洲金融危机影响出现较大幅度回落之外，台湾企业对大陆投资规模在整个 20 世纪 90 年代至今都呈高速增长态势，投资金额在所有对大陆投资行业所占比重最高时期超过 20％，成为台湾向大陆产业转移最重要的行业（见表 6-4）。随着通过海外投资，转移中低端制造装配业务，本地企业更加专注于高端的核心组件以及半导体技术开发。

表 6-4　中国台湾在信息技术产业主要行业上对中国内地直接投资历年变化

行业与主要指标		1991～1995年	1996年	1997年	1998年	1999年	2000年	2001年	2002年	2003年	2004年	2005年	2006年
计算机、通信及视听电子产品制造	直接投资金额（千美元）	2 011	5 707	920	3 726	4 272	5 895	3 671	3 453	3 313	6 414	10 156	15 619
	在所有行业中的比重(%)	3. 92	8. 36	6. 44	15. 57	21. 15	23. 97	13. 98	13. 41	10. 03	13. 95	16. 40	14. 92
电子零组件制造	直接投资金额（千美元）	4 851	4 421	768	3 854	3 020	3 964	3 144	5 203	4 058	12 249	13 711	17 218
	在所有行业中所占比重(%)	4. 6	7. 19	6. 54	13. 83	12. 29	15. 82	21. 57	16. 18	10. 60	21. 36	14. 15	21. 18

资料来源：台湾地区"经济部投资审议委员会"研究报告：《台湾地区产业价值链外移大陆之趋势》，2007 年，转引自"全球新兴市场商业咨询数据库"(EMIS)。

中国台湾企业在积极向岛外转移电脑硬件生产的同时，本土企业的资源更加集中于产业链的高端，即新产品的设计开发以及为其他企业的技术服务。在部分 IT 核心组件上的开发效率已经超过美国总体水平。在东亚地区信息技术产业的"雁行发展结构"中发挥了继日本之后"第二棒"的角色，这个进程也为台湾企业集中资源投入到半导体集成电路产业创造了条件，成为近 10 年来台湾在全球 IT 产业发展国际竞争优势的一个重要特征。

（三）通过"代工"模式巩固自身国际竞争地位

过去 20 年来中国台湾在 IT 产业形成综合竞争优势，为目前台湾成为承接国际芯片制造外包最活跃的经济体打下了基础，这是台湾企业在计算机和半导体产业多年的国际化生产发展的一个结果。

台湾企业芯片作为半导体集成电路产业的核心中间品，通过代工模式实现价值链的"生产分离"本身就是台湾企业首创的，从这个意义上，这个外部化生产模式本身成为台湾 IT 产业的组织模式的一大创新。自 2000 年以来，台湾地区承接代工业务高度集中在以芯片为主的半导体产品上，是目前全球半导体集成电路产业内最大的承接外包企业，半导体产品的制造在全球占据绝对优势，在芯片等高端半导体产品的代工业务中占了全球 70% 的市场份额。在全球十大半导体代工企业中,台湾企业占了三家,其中仅仅台积电和联电两家企业就占了全球59%的市场份额(见表6-5)。

表6-5　　　　　　　　　2007年全球半导体产品前十大代工企业排名

排名	公司名称	工厂类型	国家或地区	销售收入(亿美元)	2007/2006年增长率(%)	市场份额(%)
1	台积电(TSMC)	专业化生产代工	中国台湾	98.28	1.2	44.3
2	联电(UMC)	专业化生产代工	中国台湾	32.63	2.3	14.7
3	中芯国际(SMIC)	专业化生产代工	中国	15.50	5.8	7.0
4	特许半导体(Chartered)	专业化生产代工	新加坡	14.45	-5.4	6.5
5	IBM	IDM(多元化业务模式)	美国	6.05	-12.1	2.7
6	Vanguard	专业化生产代工	中国台湾	4.88	22.6	2.2
7	X-Fab	专业化生产代工	德国	4.11	40.3	1.9
8	Dongbu Hitek	专业化生产代工	韩国	4.05	-12.4	1.8
9	MagnaChip	IDM(多元化业务模式)	韩国	3.70	-8.4	1.7
10	华虹NEC	专业化生产代工	中国	3.21	7.0	1.4

资料来源:上海经济委员会、上海科技情报研究所:《2008年世界制造业重点行业动态报告》,上海科技文献出版社2008年版,第64页。

目前台湾芯片企业为全球所有知名的半导体企业提供芯片代工,成为这些国际IT业大品牌商最重要的合作伙伴,是后者半导体同制造商或者主要零部件的长期供应商。企业的国际代工业务已经成为集成电路产业出口贸易最重要的微观载体,有力地提升了芯片产业的国际竞争力。这个进程同时伴随着当地产业沿着价值链从低端到高端的次第提升。

二、承接芯片代工的动态竞争力积累

上述发展动向背后的价值链形态鲜明地体现了芯片价值链内的跨国分割对产品内垂直型国际分工进程的推动。这些被分散了的价值链片段在亚洲地区内的安置加深了产品垂直专业化的深度,并在离岸经营组织形态上有所创新。随着芯片创新周期区域缩短,每新一代芯片概念在实验室开发成功后,从创新含量最高的系统架构阶段以及后续每个工序阶段,就开始在不同经济体的领先企业内以几乎同步的速度开始相关生产和服务业务。中国台湾作为亚洲 IT 产业的领先者,近年来已经参与了芯片产业分工格局中技术复杂程度较高的环节,不仅具有芯片下属特定模块的设计能力,而且个别企业已经开始从事芯片系统设计活动。目前中国台湾参与芯片设计工作的企业包括系统软件企业、集成设备制造商(IDMs)、制造服务提供商和部分芯片设计工作室。相比台湾地区,大陆的电信设备提供商专攻一些技术成熟、价格较低的半导体产品的设计工作。

近 10 年来,产业的国际化经营模式的转变经历了从单纯贴牌代工到包含自主设计的生产和技术服务多元业务组合,在国际化经营战略上也从早先专门为美国品牌商承接芯片制造与封装业务发展为目前提供从芯片设计到代工制造的多个功能环节,伴随着这个升级过程的是企业在产业高度专业化分工格局下的局部竞争优势,如图 6-3 所示。

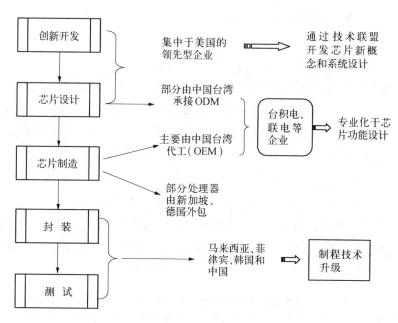

图 6-3　芯片制造价值链分解与主要参与经济体

由图 6-3 可见,美国与日本跨国企业向中国台湾的"片断化"产业转移形态已经发生变化,外包的功能环节逐步从芯片加工环节发展为附加值较高的芯片设计环节,引发全球半导体产业的引力中心向亚洲地区转移。越来越多的大型系统企业(包括客户群和直营的芯片设计开发公司)也纷纷向台湾企业投资或者开展合作。在承接发达国家芯片设计合同的亚洲经济体中,中国台湾排名第一,韩国排在第二,中国、印度、新加坡和马来西亚在其后。上述几个经济体在全球芯片设计的份额从 20 世纪 90 年代中期的空白提高到 2002 年接近 20%的水平,之后持续增长,于 2008 年超过了 50%的比重。

伴随着芯片设计能力的提高和市场规模的扩大,目前台湾企业在全球半导体行业中的竞争优势覆盖产品制造加工到设计两大领域。台积电公司和联电公司已经成功地实现了从芯片制造代工的竞争优势向芯片设计竞争优势的提升,是当地 IT 产业实现动态竞争优势发展的典型企业。两家企业以及与它们有生产配套关系的本地供应商的发展,代表了台湾本地产业竞争力从国外合资企业转移到本土企业的变化。

需要指出的是,台湾企业在芯片设计实现环节上的技术活动在一定程度上依赖从发达国家进口 EDA 等设计自动化设备,这类设备目前的核心技术还是由美国和日本企业主导。由于芯片设计实现活动业务量高速增长,目前包括台湾在内的亚洲经济体大量从发达国家进口该类设备用于芯片设计,过去 5 年内,EDA 在亚洲的销售额一直是呈两位数的增长态势,亚洲已经成为 EDA 市场增长最快的地区(EDA 联合会,2004),可见在芯片设计环节上仍然存在着技术依赖性。

目前台湾地区集成电路产业已经成为全球集成电路产业最重要的制造基地,在自有集成电路上,是继美、日之后的第三大生产基地,已经建立 12 英寸半导体生产线 13 条,另有 7 条 12 英寸生产线即将投产,台湾地区已经成为全球 12 英寸生产线密度最大的地区。在芯片产业链内,台湾地区的产业在芯片的晶元代工、封装和测试三个环节上已经掌握全世界领先的技术,占有最大的市场份额(见表6-6)。在全球五大封厂商中,台湾企业占有 3 家,其中日月光(ASE)以超过 30 亿美元名列榜首,市场占有率达到 16%。台湾地区在全球芯片代工行业做到了行业第一。中国台湾作为目前半导体芯片代工技术最强的地区,芯片制造效能达到全球第一,同时在封装测试环节上的工艺技术也是全球最领先的。

表 6-6　　2007 年台湾地区集成电路产业供应能力及其国际竞争地位　　单位:百万美元

	产　值 (百万美元)	全球市场 占有率(%)	世界排名	全球领先经济体
自有 IC	20 872	9.6(9.6)	4	美、日、韩
DRAM	7 015	22.4(23.4)	2	韩
Mask Rom	353	92.9(92.6)	1	中国台湾

（续表）

	产　值 （百万美元）	全球市场 占有率（%）	世界排名	全球领先经济体
设计业	12 186	26.5(23.5)	2	美
制造业	22 460	10.7(11.5)	4	美、日、韩
晶元代工	13 774	68.1(68.4)	1	中国台湾
封装业	7 450	47.6(51.2)	1	中国台湾
测试业	3 350	67.7(64.9)	1	中国台湾
制造业产能		20.3(19.2)	3	美、中国台湾

注：（　）内是 2006 年数据。

资料来源：上海市经济委员会、上海科技情报研究所：《2008 年全球制造业重点行业发展动态》，上海科学技术文献出版社 2008 年版，第 74 页。

　　在中国台湾集成电路产业发展进程中，企业遵循在引入国外技术基础上通过消化吸收再创新的技术路线，台积电和联电两家企业已经成为业内代表技术和管理创新水平的标杆企业。在承接高端功能环节的转移进程中，越来越具备主动性，这也成为台湾在信息技术产业内积累动态竞争优势的来源。台积电公司从 1987 年开始为专业设计工作室提供芯片制造，之后开始为美国大半导体企业以 ODM 模式提供从芯片设计到制造、封装、测试的生产业务。通过合同制造商的企业载体与美国芯片系统开发商合作研发芯片制造工艺，高度参与全球芯片设计网络，并将产品内部可以独立的制造业务再外包给其他亚洲发展中国家，成功地实现了产业链由单纯制造向设计延伸的功能升级。

　　中国台湾在芯片代工业务规模上的迅猛发展以及台湾企业积极的模仿和"二次创新"战略推动了当地产业在半导体制造模式上的升级。台湾企业依赖自身强大的制造工艺和生产组织创新成功地实现了某些专门性技术领域的创新以及"跨界"形态的产品创新，在封装环节上，台湾企业积极谋求与前段制造流程在全流程效率导向下紧密结合，在封装工艺创新上取得了一系列成果，包括芯片级封装（CSP）、裸芯片封装（DCA）、倒装芯片（Flipchip）、晶元级封装（WLP）、多芯片封装（MCP）和系统级封装（SiP），都成为目前封装工艺创新的前沿工艺与技术。与上述新制造模式相关的产业背景是目前半导体产业业态轻生产线（Fablite）和超级工厂（Megafab）的迅猛发展。台湾企业在这个领域的创新贡献为应对上述集成电路半导体产业业态的转型发挥了积极作用。

三、影响台湾芯片代工竞争优势的主要因素

中国台湾承接芯片代工之所以成为全球第一,主要影响因素包括:成本优势、政府扶持以及外资流入三个方面。企业承接芯片行业的国际产业转移,从企业经营视角看,首先是由人力资源要素的低价格导致的。由于芯片设计活动主要依赖IT行业内的专业工程师的脑力劳动,因此工程师的薪水成为相关活动成本构成中的主体。台湾地区相对较低的设计师工资,大大节约了发达国家跨国公司的产品开发成本,台湾芯片设计工程师的薪水通常只有美国硅谷同类工程师的10%~20%(表6-7所示)。

表6-7 　　　　　　雇用一名芯片设计工程师的年薪(2002年)　　　　　单位:美元

地　点	年　薪
硅　谷	300 000
加拿大	150 000
冰　岛	75 000
中国台湾	<60 000
韩　国	<65 000
中　国	28 000(上海) 24 000(苏州)
印　度	30 000

资料来源:PMC-Sierra Inc, Burnaby,加拿大(硅谷、加拿大、冰岛和印度数据);
访谈所得(韩国、中国及台湾地区),转引自 Dieter Ernst, "Complexity and Internationalisation of Innovation—Why is Chip Design Moving to Asia?", International Journal of Innovation Management, Vol. 9, No. 1, March 2005。

中国台湾企业形成的动态竞争无疑离不开管理当局积极的政策引导。在台湾半导体产业的技术升级进程中,管理当局为主体的研发投入和技术转移发挥了重要作用。在20世纪七八十年代台湾半导体产业走出了一条借助公共研发机构科技创新成果向产业化经营转化的道路,为产业国际竞争力的提高发挥了关键作用。这个模式的主要过程是运用公有资本建立示范工厂、公共实验室,随后将示范工厂转入民间经营,为民间资本建立一个投资的参照标杆,从而降低投资风险;管理当局再辅以其他的投资促进政策,直接促进民间资本对新兴产业的投资。而这个过程是以台湾工业技术研究院电子研究所(ITRI,简称工研院电子研究所)为代表的一批研究机构的研究项目为起点的。从工研院电子研究所研发项目演变而来的半导体制造公司有:1979年成立的台湾第一家设计和制造IC的公司——台湾联华

电子公司(UMC)、1987年成立的台湾第一家6英寸晶元制造公司——台湾积体电路公司(台积电,TSMC)和1994年成立的第一家8英寸晶元制造公司——世界先进半导体公司(Vanguard)。以上三家公司都是以工研院电子研究所的技术和人才为基础创建的。该研究所的科研模式注重在海外引进技术的基础上进行消化吸收并作二次创新,有效地推动了产业的创新能力。工研院电子研究所从美国无线电公司(RCA)引入CMOS技术后,建立了第一座集成电路示范工厂,在此基础上成立了台湾第一家垂直整合制造商(IDM),已经具备自主知识产权,在管理当局主导的发展模式下通过公共机构的科技创新为产业发展带来强劲动力,1990年,在管理当局主导的"次微米计划"的框架下,产业获得管理当局30亿美元的资金投入,成功地发展了8英寸、线宽小于1微米的DRAM集成电路制造技术,对推动当地内存芯片产业带来关键动力。管理当局的支持还体现在对园区的扶持手段,从最早的新竹科技园区到后来的中科和南科园区,都离不开管理当局在土地、财税和金融方面的优惠政策。

第三节　中国台湾芯片企业技术升级的机制与路径

　　本节选择在全球信息技术产业具有较强竞争力的日本、韩国、中国台湾,根据典型的国际化生产模式在产业与典型企业层面上的表现,分析这些经济体及其典型企业承接外包对企业升级带来的效应,以及影响该效应的诸多因素,提炼出东亚发展中经济体在信息技术产业内开放型产业发展道路上实现技术升级的路径。

一、基于OEM国际化生产模式的技术学习

　　中国台湾企业在代工业务上的国际竞争力与自身的技术学习能力之间密切相关,与产业链内同为承接制造组装业务的其他经济体相比,台湾OEM厂商在产业国际价值链内已经跨越从制造到生产者服务等高附加值的多个环节,在制造活动的专业化细分链下处于领先者地位。

　　中国台湾企业是20世纪七八十年代全球IT产业采用OEM方式出口最集中的经济体。相关研究认为台湾厂商从OEM这个属于国际供应链模式的价值链低端生产中获得了实际利益。例如,20世纪80年代末在对台湾43家OEM供应商(27家本土的和16家外商投资)的调查中显示,大约有70%的OEM合同是被认为

具有转让生产技术的特征,企业能从中获得产品设计能力(San Gee, 1990)。然而,另一方面,不少研究也提出 OEM 作为简单的生产加工形式对企业升级也带来很大障碍(Ernst and O'connor, 1992),其中存在着升级的"锁定效应"。供应商长期专业化于 OEM 生产模式,使自身难以筹集研发投资新产品所需要的资金,更强化在现有价值链功能中的位置,不利于价值链的功能升级,由此阻碍了企业培育自主品牌知名度和销售渠道。

为了消除这些不利因素,很多台湾电脑公司也试图扩大自己品牌制造业销售的份额。然而,从生产加工环节过渡到自创品牌阶段非常困难,大多数公司没有成功。这是不足为奇的:建立一个全球的品牌形象是昂贵的而且有极大的风险,只有在一些较大的公司如宏碁可能例外。因此,不少谋求自创品牌的台湾企业回过头来又专业化于现有的国际化模式。在经过整个 20 世纪 90 年代初的下降后,台湾企业的 OEM 出口与 ODM 出口的比例在所有台湾计算机硬件销售中从 1995 年的 66％上升到目前的 75％。有研究指出,如果能推进成功的知识外包策略,企业并不需要按顺序从 OEM 发展到 ODM,然后再递进到自创品牌这样的阶梯来实现升级。相反,通过执行不同知识外包模式,台湾供应商能够获得学习效应并助推创新。企业往往通过知识外包和知识整合与集成,实现开放式的知识获取,提升综合竞争力。

现实世界中,全球电脑行业内日益提高的集中度使得大企业对 OEM 模式的依赖进一步加深,这实际上也为 OEM 供应商在生产基础上衍生出生产者服务活动创造了积极条件。电脑行业内前五位的领先企业已从 20 世纪 90 年代初约 20％的全球市场份额增加到目前的 50％,然而,它们都是台湾的 OEM 客户。它们的主要优势是制定标准和其全球品牌形象经营。这些全球性的市场领导者从事最尖端产品开发,将其他大部分生产经营环节外包出去。台湾电脑公司在与这些行业领袖密切的互动中得到了宝贵的不断流动的反馈信息,提供了关于产品设计、新的设计标准、领先的生产技术和先进的质量控制和后勤程序。在这个进程中,外包业务本身在各类创新的合作协议基础上(例如 BOT 方式)向制造与服务融合的方向发展,大部分台湾电脑企业实现了制造与服务结合的"一站式"供应中心,进一步加强了其自身的学习和创新能力。

以台积电和联电为代表的台湾半导体行业领先企业的成长历程深刻体现了中国台湾在 OEM 模式下实现技术升级的轨迹。其中,台积电公司的发展历程非常鲜明地体现了 OEM 模式作用于企业在价值链内实现功能升级的机制(见图 6-4)。

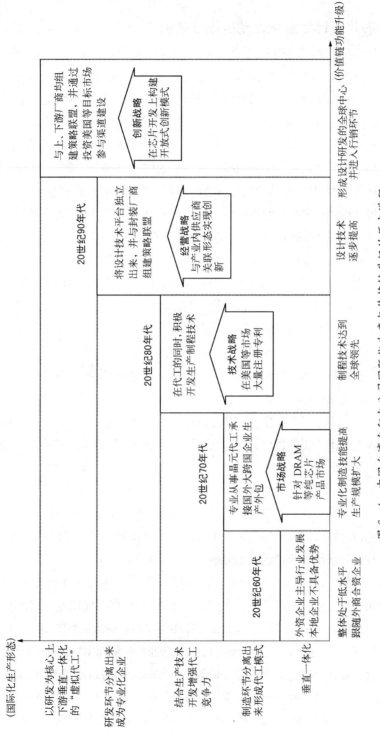

图6－4　中国台湾台积电公司国际化生产与价值链升级的历史进程

资料来源：笔者根据《产业附加价值影响因素前期研究》《台湾工业技术研究院(IT IS)产业经济资讯服务中心，2007年12月》整理。

二、芯片设计专业化活动的模式创新

与其他信息技术产品类似,芯片产业的发展呈现产品生命周期缩短的趋势。目前芯片产品的生命周期一般仅为 6 个月,这一趋势导致相应的芯片系统设计的调整频率也不断加快,虽然芯片设计"次级价值链"的跨国界安置引发了垂直专业化加深,由此提高工作效率,但是也对系统式芯片流程下各个参与者之间的信息沟通和传递的效率提出很高的要求。在芯片设计的"次级价值链"的发展过程中,需要多种类型的技术开发企业和专业技术服务企业的共同参与,围绕芯片价值链内不同功能环节的组织优化,芯片设计网络内需要更加完备的协调机制。

芯片设计活动在芯片产业价值链内逐步形成独立的专业化发展道路,与此同时,设计价值链下的跨国分工引发相应的商业模式和设计界面日趋多元化,导致芯片设计网络组织的复杂性大大提高。在芯片设计管理中产生的一个难题是,如何在上述分散在不同空间区位的各类参与者之间进行信息的高效率实时传递,并同时需要参与主体之间的协调和知识交流,在实践中通过信息反馈在组织管理下促成一种有效的、灵活的组织环境,由此形成契合于外包流程的组织创新。这个组织创新具体落实在发包企业与承包企业之间互动式的沟通与协作上,不仅需要发包主体对多个接包方主体在技术上进行统一管理,也需要对分散于不同地区的设计团队间的知识交流构建一个统一平台。

由于芯片需求定义的高度复杂,导致在设计网络日趋多元化的设计界面,当各个参与主体之间出于工作目标、方法、空间因素抑或是文化因素上的隔阂而需要信息沟通与交流知识时,就产生了特定的界面。设计平台下界面的多少,实际上就反映了设计价值链内各个主体在专业技术上的差异。不同国家(地区)企业参与到芯片设计的分工合作中,引发了各种各样的设计界面,客观上需要在设计过程中加以协调。芯片设计界面之间的冲突来源于设计网络最初的制造与设计的分离格局,并随着芯片设计次级价值链的内部分解而进一步强化。

在这个过程中,发包企业首要任务是协调设计网络内多元化界面之间的整合,相应的对策是让流程管理的人员加入到设计团队中,根据流程技术要求而及时调整芯片设计方案,以确保流程产出,保证芯片即使在较差的系统性能要求下也能继续运行。换句话说,设计师必须将制造流程的变动因素也加以考虑,使得设计工作能够应对这种复杂程度。其次的任务是创造一个有利于芯片设计中专业设计人员与流程技术开发人员之间交流的环境。只有让从事物理设计和从事流程集成团队间进行频繁沟通,才能确保设计师充分考虑流程发展的错综复杂性。不同主体之间的专业信息和知识的沟通成为该价值链经由外包纽带而有效组织的必要条件，组织创新机制带来的信息沟通平台无疑触发发包方与接包方之间的知识和信息交流，消除多元化界面之间在流程进展上的冲突，从而引发各类显性知识与隐性知识的流动，构成整个外包的知识扩散效应的组成部分。

三、芯片设计专业化活动的组织创新

随着台湾在全球芯片代工业务进入包含设计服务的 ODM 供应模式，有关企业成为芯片设计网络内的重要节点，越来越多的欧美企业开始将芯片设计外包给台湾企业，这对台湾企业设计网络的协调组织创新能力提出了严峻挑战。合作双方围绕外包项目的组织而致力于组织与管理模式的重组，台湾企业由此获得探索管理创新的激励效应。

首先，为了根本上解决设计界面内的障碍，价值链上下游企业之间通过人员沟通与协调就逐步形成了设计活动组织的新模式，在各个界面提供的技术内容和服务形式之间加以协调。由于从价值链最前端的芯片概念形成到设计开发完成之间有"较长"的距离，因此，这个协调的首要条件是要有非常完善的文档记录以及可自动验证的统一的"设计规则"。发包企业不仅要对设计网络内的界面管理提出协调要求，在设计团队内安排流程管理的人员，根据流程技术要求而及时调整芯片设计方案，以确保流程进展顺利，而且还需要考虑制造流程的变动因素，保证芯片即使在较差的系统性能要求下也能继续运行。换句话说，与设计活动对应的协调机制需要确保能够应对各种复杂情况。只有让物理设计和流程集成团队间进行频繁沟通，才能确保设计师充分考虑到流程发展的错综复杂性。在 SOC 设计模式下，设计企业内的掩码作者和流程工程师都试图增加元件种类或者提高设计规则的复杂性，这样就需要在掩码开发人员围绕设计思想的开发活动与流程工程师之间进行大量的沟通。系统的设计师、掩码作者、芯片制造者以及第三方 SIP 提供商之间必须保持高度的协调。

其次，台湾最大的代工企业台积电公司积极与业内专业研究机构台湾工业技术研究院合作，开展联合创新，在芯片设计组织模式领域取得了重大创新，首创了 SoC 设计模式（System-on-Chip），即"基于芯片的系统"[①]，这是芯片设计网络形态

---

①　这个"系统"代表了半导体设备与终端产品之间的高度关联。SoC 实际上是一种新的半导体设备，是由多个被称为 IP（Intellectual Property）的预先设计完成的集成电路模块构成的，每一个 IP 对应一个特定功能例如图像处理或者声音处理。因此，与过去一个终端产品的系统是建立在多个芯片上的模式不同，SoC 能够实现在一个芯片上构建出一个多功能复合的系统。

在设计组织模式上的一个重大突破,是实现一个芯片集成多种功能目标的设计模式。在这个模式下,芯片的设计是一项垂直集成的系统工程,每个模块的供应商公司聚焦于一项独立功能的设计工作,这些模块再被汇集到一个印制电路板中集成为一个芯片,该设计模式大大提高了设计效能。为了保证集成的准确和高效,芯片设计师首先准备好那些需要反复使用的集成电路 IP 模块,这些模块基本上是由行业内其他企业预先完成的,它们可能是从其他半导体企业购入,也有可能通过外包合约由专业的硅电路设计知识产权(SIP)授权商完成。这些模块的设计团队有些来自本地设计团队,有些则来其他国家的专业芯片设计公司。它们中的部分群体可能并不会参与到最后的芯片设计过程中,可能也不会与主要的设计团队使用相同的专业词汇。所以,这一设计模式的设计网络内包含六种不同类型的设计界面:系统设计者、SIP 提供商、软件开发商、技术认证团队、EDA 工具供应商以及芯片制造商。六种不同类型的设计界面除了专业词汇上的差异,还包括语言上的差异,导致芯片设计网络的组织复杂性大大提高。

虽然 SoC 模式对于芯片功能的发展创造了有利的条件,但是在这一设计网络下,各个主体的工作都类似于一座座"孤岛",这对设计网络的有效组织构成严重的挑战。随着设计团队规模日趋扩大,地理分布日趋分散,不同网络节点间采用的界面变得越来越多。尽管它们的目标一致,但是专业术语却高度差异。为了让这些"孤岛"之间紧密合作,需要接包方对于网络的组织模式进行重构,相关的调整目标是:对各类企业提供的界面规定一些限定因素,包括知识交流中的数据、规范数据传递和诠释的格式和规则,以及设计所需的经济性能,并且规定统一的技术格式,使不同团队给出的数据必须能够转变为其他团队都能接受的格式。这样,芯片功能的复杂性从一开始就传递到后续各个环节,结合相应的流程技术信息而转移到芯片设计团队的每个成员。因此这个协调是相对静态的"规则调整"与相对动态的人际沟通组合而成的方案,接包方在此原则下结合各个项目功能的目标进行"个性化"的规则与实施方案的设计,由此构成组织创新的雏形。基于技术规格的规则制定在知识管理中体现为"显性知识",而后者涉及人员交流的方案则更多地体现为"隐性知识"的组合,两者组成价值链内参与者,尤其是设计价值链的专业企业之间共享的"知识库",对企业设计经验的积累带来积极作用。两者的结合成为企业发展和深化组织管理创新的实际载体。

四、开放式创新模式下的技术升级机制——以中国台湾宏碁公司为例

宏碁公司作为中国台湾 IT 产业最大的企业之一,是台湾本地成长起来的代表

着台湾 IT 产业国际竞争力的标杆企业,其国际化道路也经历了从单纯承接制作加工向价值链高端包含更多创新成分的国际化生产模式转型。作用于这个转型的因素是多方面的,既包括企业自身技术投入,也包括通过在岛外市场上筹供研发资源加以集成构成的外部化创新战略。

(一)美国与中国台湾本土的研发实验室

中国台湾的宏碁公司作为台湾信息技术产业内的领先企业,在产业国际价值链内的功能定位已经成功地从制造为主的角色转向设计和开发环节,并积极谋求进入全球研发网络。近年来企业选择推进岛外与本地实验室的联动和协同发展的战略。

宏碁公司为提升在产业国际网络中的竞争力,在研发战略上的重要举措就是在产业创新优势积聚的地区以及本地市场分别建立实验室,其中最重要的两个研发实验室就是位于美国的硅谷实验室和中国台湾本地的台北实验室。通过这两个实验室的分工与合作,以及激励其外溢效应是宏碁公司积极推进开放式创新系统的重要表现,两个实验的研发职能不仅在开发公司软件新产品方面发挥作用,而且还服务于另外一些研发项目以推动公司的战略远景。

宏碁的台北研发基地建于 20 世纪 70 年代后期,最初开展计算机硬件研发,80 年代中期开始涉足软件研发,形成在软件定制设计方面的国际竞争力。这类定制设计活动不仅针对宏碁自有的技术和产品,也针对它承接的 OEM 代工产品。宏碁台北实验室的研发工程师的创新成果在于开发了软件定制所需的专门技术,成为宏碁主要利润的来源。

目前该实验室共有 700 个经理和工程师,主要承担两方面的职责:一是负责宏碁所有产品和硬件部件的商用开发,一般根据美国引进的产品原型进行技术转化,包括硬件和其他部件的集成化(在这里指软件研发)、产品测试、设计改造,以及根据地区经理和总部营销部门所提供资料并针对各个地区市场进行定制设计。二是电子产品的商业化,要求针对各个地区市场进行必要的定制设计。尽管各个地区市场在产品特征上存在很多共同点,但是由于各个地区之间不同的市场偏好和政策环境,以及它们所处的技术应用曲线(Technology Adoption curve)不同阶段,针对用户的不同需求进行定制设计仍然是十分必要的。1998 年,宏碁首先将 Basic II 系统引进台湾市场,随后针对中国、印度、俄罗斯和美国的不同客户做定制设计,所有 Basic II 版本,都包含英特尔的奔腾处理器和微软的 Windows 95 操作系统,但是由于不同国家或地区存在着不同特征的标准配置,需要根据各个国家所处技术应用曲线的阶段性特点对软件设计作调整。宏碁有针对性地提高内存性能

(标配为 16 M),加装 8 倍速 CD 光驱和 33. 6 K 带宽的调制解调器以支持高速上网。Basic II 几个版本和其他一些技术也在台湾市场实现商用,涉及对软件的重新编码以运行那些专门为亚洲市场定做的程序(因为某些亚洲国家的语言并不基于罗马字母)。在对技术进行当地化改造的另一个任务就是语言转换,许多软件最初都在西方国家设计,支持罗马语系的语言。西方国家所开发的"0 - 1"编码的软件,可能并不支持亚洲语系的语言,因此需要经过重新编写以支持亚洲国家的文字。

(二)两地研发实验室的分工和研究定位

宏碁的美国研发实验室是 20 世纪 80 年代后期建立起来的,最初的动因是为更加靠近技术革新的脉搏和更全面细致地了解美国市场。当时,宏碁在被称为"全球技术中心"的硅谷建立了一个研发基地,到 1998 年,该基地已经拥有超过 100 名工程师,其中约有 20 名研究人员专门负责软件研发。硅谷实验室采取人才当地化战略,半数工程师都是从美国各个大学直接招聘来的,另外则从台北实验室迁调过来。随着宏碁在硅谷创新型研发领域具备越来越良好的声誉,该研发基地吸引了越来越多的本土工程师。在产业全球范围内的创新理念和科技突破上,美国实验室显然占有优势地位。在企业的"协作的共同利益"导向下,美国基地与台北研究基地的合作纽带主要体现为根据技术"势差"展开分工与合作,在研发环节内专业化分工,在大型的技术开发系统内由美国实验室向台北实验室进行市场信息和创新成果的单向转移,呈"领导者"和"跟随者"的关系。

宏碁硅谷实验室除了对新产品原型开发投入大量人力物力之外,另外负责寻找宏碁的战略伙伴,构建全球范围的业务关系网络,通过与当地合作伙伴建立合资公司,这是宏碁高度重视并一直致力于开展的发展战略。而且,宏碁还创办一个风险投资基金,负责积极寻找潜在的合资伙伴并发挥坚实有效的协同效应。宏碁台湾研发基地,既是一个集成中心,也负责软件开发和硬件设计。台湾基地有人才基础,也能充分利用美国转移过来的知识来开发产品规格。

美国硅谷和台北两个实验室在产品开发上一个比较成熟的模式是:美国实验室提供产品原型的技术规格和营销网络信息,台北基地则通过提供台湾顶尖的研发能力,推动产品在台湾当地的产业化发展。这是宏碁开放式创新研发战略的关键。这个合作不仅大大加速了产品创新的进程,也帮助宏碁公司获得企业全球化经营的经验,从推进产品的当地化技术改造以及开拓市场的实践中实现产业升级。

在大型的创新项目上,一般的格局是:美国实验室牵头,两地协同开发。以视频会议项目的原型开发,硅谷实验室作为核心研发团队投入了多年的努力。为推动两地工程师之间的有效沟通以及发挥强大的协同效应,来自台湾的 4 个主要工程师调到硅谷实验室工作 6 个月。虽然增加了项目成本,但是增进了台湾工程师对项目知识的了解,并使他们成为项目知识和技术向台湾宏碁转移的媒介。为了提高两个实验室之间的信息沟通效率,公司采取了多种方式,包括电话、电话会议、E-mail、宏碁的内部网以及视频会议,两地的工程师和经理们都能保持紧密联系。为此,宏碁还开发了一套专用的项目管理软件,并在内部网共享。通过它,无论何时何地,工程师都详细了解任何一个项目的进度和情况。为增进两种文化之间的相互了解,加快知识和技术向台湾的转移并及时在项目中得到应用,以实现其商业化,美国实验室的项目领导和两位首席软件工程师到台湾进行了为期几个星期的访问。同时,台湾的高级经理也对硅谷进行访问,以补充业务知识和增进对特定项目的了解。

两个实验室之间创新理念的重要差别在于对待引入最新一代技术到市场上的态度。美国工程师对此的理念更接近于市场动态,主张越接近市场前沿越好,在产品开发上尽最大可能融合最新的技术革新成果以及市场动向,倾向于要求将全球各地消费者都随着创新阶梯沿着技术应用曲线向上推进。对台北实验室而言,尽管也渴望为客户提供最新技术,但它们同时也关注企业自身对市场所能接受的技术革新程度作更加客观而实际的评估,而且在现实的战略安排中非常关心不断发展的技术与现有制造流程的兼容性问题。因此,相比硅谷实验室的期望目标,台北团队并不急于实现硅谷开发成果的商业化,而更强调商业化步伐的稳健性和适度性。在宏碁公司视频会议软件开发的项目上,美国的工程团队已经取得突破,所开发的软件也已经容纳 16 个频道。但是,由于这套软件所涉及的规格较为特殊,使得它难以兼容视频会议设备既有的标准频道。因此,宏碁在台湾的管理层说服美国实验室工程师对软件作一些调整,使之达到与宏碁的硬件生产设备相兼容的技术要求①。

(三) 研发基地对外合作的外部效应

为应对新产品面临的多变的市场需求和日益缩短的创新周期,宏碁公司组织架构的扁平化在创新进程中不断强化。美国研发基地和台湾总部研发基地虽然在创新活动上有所分工,但是这个组织创新手段促进了彼此之间充分的交流与合作以及研发基地与当地行业的合作,构成了宏碁公司特有的开放式创新体系,实现了

---

① 参见 Terence Tsai Bor-Shiuan Cheng,"The silicon Dragon: High tech Industry in Taiwan",Edward Elgar Publishing House, USA. 2006. PP. 196~199。

多元创新要素的有机结合,成为推进企业创新竞争力的重要条件。

首先,人才培育效应。围绕着项目开发的分工与合作,在一系列大型技术开发合作中,来自台北实验室的 4 个主要工程师被调到硅谷实验室工作 6 个月。虽然增加了项目成本,但是增进了台湾工程师对项目知识的了解,并使他们成为项目知识和技术向台湾宏碁转移的媒介,而且在此期间两地人员的熟悉也使得后续合作交流的信息沟通效率大大提高。从几位工程师们的反馈来看,每个人都认为这段经历非常宝贵,将此作为加快职业发展的难得机遇,不仅获得了接触美国实验室的最新知识的机会,而且还能同那些教育背景和工作经历大不相同的软件工程师们进行交流。由于这个实验室位于技术中心硅谷,使他们有机会经历和感受原汁原味的美国市场和美国文化,这将对他们未来的技术商用化工作的开展打下基础。台湾工程师在美国实验室为期半年的工作,在从理念提升到技术学习等多个层面上都获得积极效应,成为今后大型项目人才和技术交流的一个典范。

其次,知识扩散效应。为了在更大范畴内运用最大边界的人力资源来发掘创意,宏碁公司总部每年都会组织一次系列会议,主题为"我是谁?"以此增进两个研发组织之间的技术知识和一些专业信息的交流和转移。这类会议主要介绍宏碁的各个研发部门和项目组,帮助这些部门之间彼此了解,通过正式与非正式的提问和讨论进行相互了解,激发旨在提高企业生产、管理等各个方面运营效率的创意和操作方式。在各类开放式的项目组中,通过这类交流与合作,不仅从中可以发掘宝贵的业务关系、各种资源遍布宏碁的全球研发网络,还有机会探索未来可能的合作。通过这类会议可以找到加强相互合作的有效手段,而且可以借此考察各个合资公司以及宏碁风险投资基金所购企业所作出的贡献。

再次,水平分工的协作效应。在美国硅谷研发基地承担的另一项重要职能是推动持续的知识更新,保持对产业前沿知识的获取,硅谷基地负责监控和获取那些足以影响信息产业发展的关键技术创新。因为该实验室很靠近市场,而且有条件经常考察市场,所以宏碁很多产品的原型都是在那里创造出来的。随后,这些营销知识和技术知识,从硅谷流向台湾,并从台湾借调一部分工程师过去短期培训或工作,加深了人员交流效应。

此外,企业还通过在当地的投资借助资本力量保障获得技术前沿成果的长期机制。宏碁在美国与当地的科技型企业建立合资公司,通过合资企业的技术转移,以及企业运营中的技术外溢效应,带动知识转移进程。这个战略的基本导向是:发掘任何一种可以利用的潜力,并且培养合作伙伴能带给合资公司的各种优势。台北实验室也积极与台湾当地同行发展技术联盟,通过合资企业获取与软件开发相关的一些"跨界"的新技术,即沿着软件设计和系统开发的"软性"创新领域展开的"衍生"型技术创新和配套服务,虽然不涉及主流技术创新的阶梯,但是对企业提升竞争力并获取相关的专业知识起到重要作用。例如,宏碁公司在台湾的合资企业曾经开发了为 OEM 生产商设计的书写软件以及为进口硬件所设计的嵌入系统(一种预装在硬件上,用以控制其他所有程序的软件)。这也构成企业开放式创新体系沿着价值链水平分工层面的一个发展路径。

(四)宏碁全球研发战略下的中国基地

宏碁在上海建立的研发基地建成于 1997 年 10 月,独立于宏碁下属的信息产品集团(Information Products Group),是作为外商独资企业的载体而存在,也不在既有的组织框架之内。宏碁在上海的研发实验室最初拥有 200 名工程师,并专注于软件研发。该研究基地在企业开放式创新网络中的主要优势是有大量的高学历工程师,而且劳动力成本相对低廉。宏碁的最初研究表明:上海实验室每名工程师的雇用成本,大约相当于硅谷的 1/9,台湾地区的 1/3。这个基地是宏碁在中国大陆最重要的研发基地,除了针对中国市场作信息收集和本地化的产品开发外,一个主要的职能是利用中国软件工程师的优势对创新产品雏形作后续的开发和调整,包括修改软件编码,以实现在宏碁自有产品和 OEM 产品上的应用,实现对宏碁全球研发活动内部将相对劳动密集型的工序加以转移,旨在节约成本并提高产能。

宏碁在上海的研发基地在早期阶段专注于软件定制,以实现对普通话和其他东南亚国家文字的支持,典型的研发项目就是多种软件程序的汉化(或者亚洲文字化)。宏碁不仅能够利用中国工程师的这种能力来开发基于亚洲文字的软件,而且能帮助他们更好地熟悉软件界面,因为未来将根据不同的市场而设计相应的界面。软件界面无法脱离特定的文化背景,例如针对中国设计的财务应用软件会有自己的会计方法、票据签发系统、发票系统以及银行系统。

目前上海实验室的工作在宏碁企业整个创新开发领域内还属于附加值较低的环节,上海实验室的收入模型属于"职务作品"模式,即根据他们在项目基础上所做工作收取费用。该实验室承担各种类型的项目,以提升其软件工程技术并满足宏碁其他事业部和合资公司的不同软件开发需求,为宏碁的全球研发战略作贡献。中国工程师的主要职责是:遵循项目领导的指示,为宏碁的其他战略事业部提供软件代码,因此属于"职务作品"①(Work-for-Hire),不归入原创性开发。而台湾研

① 不同于个人知识产权,即公民为完成法人或者其他组织工作任务所创作的并由雇主享有著作权的作品。

究基地在转移研发核心技术上也非常谨慎,一般而言是将程序代码分期送往上海实验室,而完整的原代码留在台湾并接受监控,从而保护宏碁的知识产权。因此,上海实验室基本上还处于主流技术链的低端,但由于本地软件工程师较强的学习能力和台湾研发基地"归核化"战略的实施,上海基地具有强大的升级潜力,而且现有的合作也获得了融入宏碁企业文化的作用。

(五)中国台湾芯片代工模式的发展趋势

中国台湾虽然在半导体芯片代工能力达到世界先进水平,但是芯片制造所需的关键设备以及高精度材料上很大程度上受制于岛外企业,在包括设计自动化设备(EDA)等关键设备以及前沿的硅片材料上仍高度依赖美国企业,目前,台湾半导体整体设备的自制率不到15%,其中在前段设备上仅为5%左右,后段的封装测试设备大约为21%[①]。因此,台湾本地企业在国际分工格局下的竞争优势集中于价值链下的中段环节,尚未在最高端的概念开发环节占据主导地位,导致代工企业在分工收益格局下还是处于低端位置。

从产业的长期发展趋势看,台湾地区的芯片代工受到多方面挑战。首先,台湾地区半导体产业面临扩大代工与发展自主品牌之间的矛盾,在后续国际化生产战略选择即究竟是继续承接国际外包业务还是转而发展自有品牌,由于自主品牌的发展与代工客户产品已经在市场上构成了正面竞争,如果品牌做强了,代工业务可能会萎缩,两者之间已经难以作到两全其美,无法实现资源的相对集中。其次,IT产业内技术上高度专业化趋势的不断加深,在高端集成电路产品设计中已经遇到"可制造性"的挑战,即从用于集成电路的硅片材料的性能上看,目前集成电路的加工程度已经逼近硅片材料的极限,再要提升集成电路性能的空间已经不大了。在这个情况下,台湾企业在芯片制造工艺上的继续突破已经遇到瓶颈,企业在该行业内持续发展专业化优势将面临越来越大的风险,这对台湾的 IDM 厂商以及芯片代工专业工厂都带来巨大压力。

因此,中国台湾本地企业在继续发展芯片代工的国际竞争优势的同时,也积极寻求价值链升级的道路。根据前面论述的价值链升级路径,现实中部分台湾企业通过综合两条技术升级路径下各自的优势,积极谋求综合竞争力的提高。国际化生产的程度在不同的产业门类间存在着差异,可以看到,在一些技术更新快、创新空间大的行业领域,台湾企业已经具有建立自主品牌的优势。在过去几年里,台湾

---

①　资料来源:上海市经济委员会、上海科学技术情报研究所:《2008 年世界制造业重点行业发展动态》,上海科学技术文献出版社 2008 年版,第 251 页。

IT产业内国际化生产最活跃的是个人移动终端设备行业,相比电信设备制造业它在OBM模式的生产所占比重在不断提高。

中国台湾电信设备生产厂商的生产中本地产量与岛外企业产量比重基本维持在30％：70％的关系,而个人移动终端设备的岛外生产比重则超过60％。在电信设备制造领域,国际化生产模式仍然延续多年来的模式,以OEM(原始设备制造商)和ODM(原始设计制造商)为当地出口最主要的模式,大约有92％的企业依赖这个路径。进一步分析其中的结构,ODM模式的生产相比OEM模式的生产有所提高,ODM目前的比例达到76％,而OBM的所占比例从2007年的9.4％下降至8％。在个人移动设备上相结合的OEM和ODM的比例是52％,而OBM的比例在2007年同期从37.4％微幅上升至38％(见表6-8)。在OBM模式下活跃的产品类型包括全球定位系统、小灵通和移动电话,特别是宏达公司制造的智能型手机为OBM的运作收入作出了重大贡献。

表6-8　　　　　　　台湾IT产业部分行业国际化生产模式的变化

模　　式	在出口导向的生产中所占比重	2008年相比2007年
电信设备制造		
OEM	26％	降　低
ODM	76％	提　高
OBM	8％	降　低
个人移动终端设备制造		
OEM+ODM	52％	降　低
OBM	37％	持平

资料来源: Ai-Dyi Hsu, ITIS Program, IEK/ITRI, Communication Industry Outlook, p. 93,台湾工业技术研究院研究报告(ITIS),2008年。

21世纪以来,美国为主的跨国公司在台湾建立研发中心,成为台湾本地对外开放进程中一个活跃趋势。美国作为IT行业旗舰企业最集中的地区,出于开拓亚洲市场的目的,在台湾推行市场导向型的投资战略。全球领先的集成设备生产商和系统公司都试图在亚洲占领技术的制高点,拓展自己的"领先平台"战略。例如,全球主要的移动通信系统开发公司在台湾建立了移动设备芯片设计中心,以建立它们自己的"平台"设计,试图把自己企业的标准发展为该地区的事实标准。在这个过程中,发达国家跨国企业也注重研发中心多样化发展,不仅仅有常规的设计任务(工程支持、技术改进和市场探测),还包含战略任务(特定IT产品、组件和服务的授权开发)。

在中国台湾的大部分跨国公司研发中心在当地产业技术链条上的位置属于中端。21世纪以来,在跨国公司研发全球化战略加速推进的大背景下,基于台湾制造竞争优势的积累,该地区的产业价值链升级形态转向以设计和新产品开发的高端环节。企业在向中国大陆继续转移部分制造活动的同时,积极谋求获得欧美跨国公司的新技术,提升产业创新能力。中国台湾自2002年以来推出"鼓励跨国企业在台设立研发中心计划",该计划对于台湾引入高水平的创新资源发挥了积极作用。全球共有20家IT跨国企业在台湾建立了研发中心。根据相关的研究,半导体、资讯与通信产业的研发中心活动高度集中于产品/制程开发与原型开发环节,较少有基础研究功能(见表6-9)。整体上看,跨国公司在当地的研发中心的特点是:(1)利用台湾生产供应商快速商品化优势,以提高全球市场占有率;(2)结合台湾IT硬件制造优势,推广软件应用平台;(3)以母公司现有技术应用为主,积极扩大市场销售与应用范畴;(4)在台研发中心大多直属于跨国公司全球行销或者技术转移部门,并不属于研发总部。

表6-9 　　　　　　　　跨国公司在中国台湾研发中心的研发活动类型

项目	基础研究	产品/制程研究	产品/制程开发	原型开发	明显改进现有技术	新设备使用	制造与工程支援	生产技巧/能力
半导体生产			⟷			⟷		
资讯产业			⟷					
通讯产业			⟷					

资料来源:台湾地区"经济研究院"资讯服务处:《2006年产业技术白皮书》。

以跨国公司海外研发中心战略下发展市场与发展技术为两个维度作进一步的分析,我们能够更加深入地考察跨国公司研发中心对台湾当地产业的技术贡献。在技术发展维度上,可以归纳为四类形态(见图6-5):国内现有技术的结合与应用,国内现有技术的提高与深化,国际新兴技术的引入与应用,国际新兴技术的开发。而在市场关系维度上,则可以归纳出两个主要类型:国际现有市场的经营,国内新兴市场的开发。将台湾地区IT行业主要跨国公司研发中心的活动置于上述两个维度加以分析,可以看到目前技术效应最缺乏的交叉点是国际新兴技术开发与国际新兴市场开拓两者的结合。

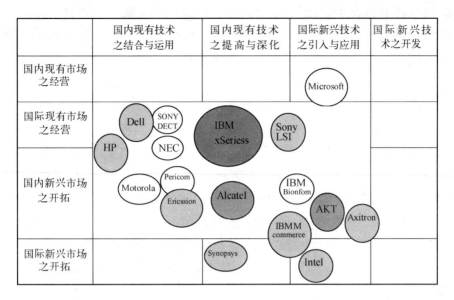

图 6-5 IT 行业内主要跨国公司在台研发中心在
市场战略与技术战略双维度上的形态

资料来源：同表 6-9。

由此可见,台湾从产业研发全球化进程中获得的效应目前还主要集中于提高现有的制造技术以及巩固目前已具备优势的国际市场,离产业价值链向最高端的功能创新尚有距离,也没有触及导致价值链整体创新的原始技术突破;而且在市场渠道能力升级上,也受制于跨国公司的主导地位。这个现状与台湾相关产业自身创新模式的特征也是一致的。台湾科技活动中有相当大的比重属于配合跨国公司的 ODM,较少从事前瞻性技术与创新,而且在跨国公司与本地合作研发中心的模式下,ODM 企业研发的投资受制于跨国公司。本地厂商注重"为订单而设计"(Design to Order)模式的自主研发,部分台湾 ODM 厂商为不同客户建立多个对应研发团队,彼此分立,导致研发资源难以整合发挥综合效益,而且研发活动大多集中于全球品牌/标准主导企业的技术路线,研发活动存在路径依赖现象。

因此,近年来台湾 IT 企业谋求竞争优势的重心是开拓前瞻性技术创新,管理当局相关部门积极支持企业参与业内新兴技术的标准制订,并结合本地市场拓展战略,力求构成"创新启动器"。首先,价值链内部的"跨界"策略,目前的主流动向是价值链向服务功能延伸,这是顺应当前全球制造业服务化和创新多元化的发展趋势。全球 IT 产业大型的制造企业都逐步从制造转向软件与系统开发,将后者作为企业利润的新增长点,国际化经营更加活跃。目前,一些长期从事电脑硬件生产的企业纷纷转向软件与技术服务领域,比如英业达公司正基于已有的笔记本电脑、服务器等硬件产品的市场基础,发展这些产品的软件服务,通过出售硬件产品后续的软件外包而获得相对更高的利润,而且该企业已经通过了 CMMI5 级的国际认证,在技术能力上已经接近世界先进水平。由于英业达的传统代工业务分布在中国、美国、捷克和墨西哥,主要涉及服务器、笔记本电脑等,显然,通过现有的硬件客户,公司可以很快地进入、渗透到软件外包产业。目前,台湾地区商用软件市场规模为 8.19 亿美元[①]。在软件领域还是以岛外企业品牌为主导。为提高本土软件产业的竞争力,台湾地区"经济部技术处"协同三家商用软件厂商英丰宝信息、华苓科技、网擎信息成立了"台湾创新企业软件菁英联盟"(TIESVA),通过整合本土软件产业资源,提高台湾软件业者向岛外开拓市场的竞争力。通过这几家领先企业在流程管理、网络信息和商业智慧工具等多元领域的优势互补,有条件形成针对企业全套商用解决方案的软件和信息服务。这是目前台湾地区 IT 产业重要的发展动向。

其次,谋求开放式创新的产业创新模式。台积电公司宣布推出全新的"开放创新平台"(Open Innovation Platform, OIP),这个平台旨在将企业的工艺技术与第三方 IP、IC 设计工具结合,为客户提供完整的从设计到制造、封装测试在内的全套服务。这个创新代表着半导体代工企业从单纯的为客户承接制造功能的制造技术沿着相关的集成电路设计、自动化设计工具、硅知识产权的横向技术链扩展,企业在分工格局中的角色跃升为整个产业链上、下游环节之间的协调与联络者,是原先晶元代工厂模式的升级。

---

① 资料来源:同表 6 - 9。

第七章

中国信息技术产业的
国际化与技术升级

信息技术产业是中国高技术产业部门中开放最早、参与国际分工最深入的一个产业。虽然相比台湾地区为代表的东亚新兴工业化经济体,中国信息技术产业的对外开放大约晚了 20 年,但无论是贸易自由化还是投资自由化的进程都非常迅猛。与大多数发展中国家的开放路经相类似,中国企业参与信息技术产业国际生产体系的微观路径也集中于激励外商直接投资企业的建立以及承接品牌商的生产外包两个途径。本章在概述上述两类生产国际化生产模式发展形态的基础上,描述产业技术升级的形态,并结合目前产业深化开放进程中存在的问题,提出创新战略。

第一节　中国信息技术产业
国际化的历程

总体上看,中国是信息技术革命的跟随者,并因此以较小的代价和较短的时间跳过早期技术发展阶段,直接获得大量成熟的技术并应用于生产。这个后发优势在中国信息技术产业的启动阶段也得到了体现,成为中国信息技术产业国际化的技术背景。在此,我们首先梳理中国信息技术产业开发的发展轨迹,结合中国企业参与产业国际化的进程和企业竞争力的分析,对中国参与信息技术产业国际化的路径以及获得的效应作深入探索。

一、中国信息技术产业国际化生产发展形态

根据本书第一章对信息技术产业国际化生产形态的描述,信息技术产业是集

中体现发展经济学理论下"让开放发挥作用"的行业。其原因包含两个方面：一方面，影响信息技术产业竞争力的核心要素是具备科技含量的劳动力，其载体是各类形态的标准化知识及作为知识载体的高素质人才，构成产业的"软性核心要素"，是发展中国家实现经济增长模式转换的关键动力；另一方面，由于产业内信息加工设备的生产商本身也是自己产品早期的使用者，因此产品在生产者与使用者身份上存在很大重叠，导致产业的空间布局在理论上可以选择任何地方，该产业内模块化生产模式的广泛发展与新兴技术在技术可分性上的提高，推动价值链内的"生产分割"日趋深化，引发大量中间产品的跨国流动。而在价值链的研发功能环节，由于受高级人力资源可得性的约束，往往将产业的研发中心集中在能接触到创新性劳动和支持性服务环境的中心城市。由于信息技术产品的消费需求变化快，产品款式推陈出新的周期短，因此又需要把最终加工组装场地建立在与客户最近的地点，以确保与客户沟通的便利以及免交商业关税，所以发展中经济体的大城市往往是信息技术产业在组装环节上的集聚点。巨大的市场潜力与大量廉价技术劳动力构成的要素优势使得这些地区成为创新产品最早的"诞生地"，这就为要素结构相对低端的发展中经济体接触创新产品，促进知识外溢创造了便利条件。从这个意义上看，信息技术产业便成为发展中国家参与经济全球化最广泛和深入的一个产业。

20世纪90年代中期以来，跨国公司与中国本土企业的联系已经在原先的作代理、经销商的层次上有了很大的推进。与其他高技术产业类似，信息技术产业的开放进程起步于20世纪前90年代中期开始的、围绕着利用直接投资的开放政策，政府通过外资激励等特殊政策型的措施以及针对信息技术产业作为高技术产业的产业政策，对外商投资建厂予以支持，这些手段直接推动了产业的产能提高与出口扩大。该产业吸引外资最显著的因素在于：中国信息技术产品和服务的巨大的国内需求；数量众多且价格低廉的信息技术人才；土地资源丰富并且基础设施正迅速得到改善。该行业内所有的发达国家跨国企业都在中国有投资项目，既有成本导向的投资，也有市场导向的投资。在市场导向的投资项目中，不少当地厂商根据本地市场需求，对产品进行一些工艺上的改造，从而实现产品以及配套服务更强的本土化改造。上述因素不断强化FDI在产业国际化以及产业升级进程的积极作用。其中利用外资最为活跃的行业包括电子零配件(半导体)、计算机产业和消费类的电信设备产业。

不仅是美国，中国也从行业内欧洲的旗舰企业获得大量投资，这些企业包括阿尔卡特、爱立信、诺基亚、飞利浦和西门子等。中国信息技术产业目前已经集中了全世界信息技术产业所有的知名品牌企业的投资,相关企业目前已经成为中国当地市场上最具声誉度的企业,在市场也具有较高的号召力。在外资企业的作用下,中国信息产业的出口和本地消费档次不断提高。

这些企业为了提高在中国市场的份额,彼此之间的竞争非常激烈。一方面积极提高外资项目的技术转移,增强技术创新成分;另一方面则积极发展本地稳定的供应链,通过外包和战略联盟等纽带构建其以其为核心的产业集群,通过提高产业集群整体的竞争力力优化企业资源配置从而提高市场占有率。例如,飞利浦将整个移动电话制造业务转移到它在深圳的合资企业,该企业是飞利浦与总部设在北京的中国电子进出口总公司共同创建的。而诺基亚则在北京建立了自己一体化的集群——星网(国际工业园),该工业园包括诺基亚自己的移动电话工厂,并且引进了与诺基亚长期合作的国际零配件供应商。这个以诺基亚为中心的一体化集群,带来约 12 亿美元的初期投资,并且创造 15 000 个就业机会,预计年销售额将达到 60 亿美元。所有领先的日本电子产品旗舰企业都考虑在中国进行新的大规模投资。东芝正在南京建立一个计算机硬件和零部件工厂,而松下、三菱电子和 NEC 都在扩大他们在中国的电弧生产线。不仅如此,韩国电子产业的大企业也纷纷在中国扩大直接投资的力度。由于北京和上海在城市基础设施和人才上的优势,这两个地点正成为中国半导体制造业形成新的全球性动态集群的主要区位。

近年来,中国信息服务业的外资企业发展活跃。这个趋势的背景是整个信息技术服务市场的迅猛发展以及产业组织方式的变革,目前信息产业的跨国公司已经从以产品为立足点阶段向产品、服务兼顾甚至服务为主的阶段过渡,呈现"服务化"的发展态势,一方面,中国本地市场对信息技术硬件创新引发的增值服务需求日趋增大,引发当地信息内容产业的繁荣,巨大的市场潜力成为外商加大投资的动力,另一方面,行业内全球领先型企业的竞争焦点和利润来源点已经从制造环节转移到服务环节,成为"服务导向"的制造企业,因此,信息传输、计算机服务和软件产业的直接投资也呈现迅猛的发展势头。相应地,这类行业的外资企业对于中国市场投资战略的着眼点在于目前正处于成长期的信息技术服务市场,尤其是依托信息技术的服务外包市场。因此,相关行业的外资体现出更鲜明的市场导向型,直接与本地企业开展竞争,其中不少企业是先前在华有多年投资的硬件生产企业集团,这些企业根据自身业务战略的调整而不断增加在技术服务和软件开发领域的投资,力争在信息产业的新兴领域抢占中国市场的份额(见表 7-1)。

表 7-1　　　　　　　中国信息技术制造部门和服务部门的外商直接投资　　　　单位：万美元

年 份	2002	2003	2004		2005		2006		2007
	实际金额	实际金额	合同金额	实际金额	合同金额	实际金额	合同金额	实际利用	实际金额
通信设备、计算机和其他电子设备制造业	152 902	501 475	2 001 346	705 873	2 101 897	771 117	1 968 089	816 466	768 645
信息传输、计算机服务和软件	50 967	167 158	202 137	91 609	451 206	101 454	304 942	107 049	148 524

资料来源：历年《中国对外贸易统计年鉴》，经作者整理。

　　中国通过利用外资以及承接品牌商的制造加工外包而成为全球信息技术产品零配件生产和产品组装最大的基地。从出口规模看，集成电路、笔记本电脑和移动通信设备的出口呈现高速增长，成为相关产业国际化生产网络内最重要的生产基地。中国企业在上述类产品与其他消费类电子产品的出口能力已经达到全球最大，在出口企业构成中，外商投资企业是最重要的主体，贡献了出口的 80%。通过跨国公司自身投资建厂以及 OEM 合约与当地企业形成的供应商网络，在中国发展当地生产能力，成为跨国公司在海外设立生产加工工厂，或者与建立合作投资关联，利用我国较低廉的劳动力成本发展跨国公司的国际供应链（配套供应商）最有吸引力的发展中国家。

　　中国作为外商投资高度重视的市场，吸引外资的主要因素包括：巨大的国内需求、数量众多且价格低廉的信息技术人才、土地资源丰富并且基础设施正迅速得到改善以及中央和地方政府制定的支持性的政策。外资向中国积极的流入成为中国承接国际产业转移最直接的动力，使得中国在全球生产网络内的竞争地位提高。通过跨国公司形成出口能力的产业部门集中于电子零配件（半导体产品为主）、计算机产业和消费类的电信设备产业（主要是移动通信设备）。这三个产业的中国本地企业形成强大的出口加工能力，也成为全球最重要的生产基地（见表 7-2）。

表 7-2　　　　　　　2002～2007 年我国主要电子信息产品出口情况

指　标	单位	2002 年	2003 年	2004 年	2005 年	2006 年	2007 年
集成电路	亿块	80.6	45.4	162.26	216.09	319.8	407.3
程控交换机	万线	3.88	93.67		428.1	385	

（续表）

指　标	单位	2002 年	2003 年	2004 年	2005 年	2006 年	2007 年
微型计算机	万部	200.94	2 050.58	3 024.6	4 758.5	815	
笔记本电脑	万部		1 188.14	2 532.24	4 135.25	5 199	
移动通信手机	万部	6 329	9 534.3	14 604.64	22 830.1	38 543	48 341
彩色电视机	万台	1 882	2 277.2	2 772.48	3 974.65	5 684	4 770
数字激光视盘机	万台	7 545	9 780	17 411	17 314	17 820	15 039

数据来源：信息产业部：2002～2007 年的《经济运行公报》。

二、中国信息技术产业承接国际产业转移的态势

中国在信息技术产业国际分工中的动态格局以国际产业转移进程为根本动力。自 20 世纪 90 年代初以来持续至今,中国作为外部供应商承担的制造活动主要体现"接替"早先中国台湾计算机企业在国际生产网络内的位置,即在承接行业内发达国家品牌企业的中间品和最终产品组装的外包合约。在非常长的一段时间内,中国企业类似于台湾地区和韩国在 20 世纪七八十年代的发展历程,立足于当地劳动力和中等技术人员的要素禀赋参与该产业国际生产体系,也是获得动态竞争优势的必经之路。中国当地企业形成为台湾地区以及其他国家投资企业提供生产配套的产业集群,一部分本地企业提供完整的产品,例如电脑整机的生产或组装,成为合同制造商,有些企业则提供一般元器件和外围附件。两者在产品价值链中都处于制造环节,前者获得的利益相对多一些,我国沿海城市的中小型 IT 企业已经成为台湾地区电脑厂商国际供应网络中最重要的供应商来源。其中广东东莞就是一个非常典型的例子,台资企业在当地已经形成了大企业为中心、大量专业化分工协作的配套企业、关联企业和提供低技术配件的下游企业相配合的一个完整的生产供应网络,已经形成台资企业个人电脑生产 95% 的配套能力。该地区实际上已经成为一个全球电脑加工制造业基地①。当然,在这个地区内的本地企业一部分是承接台湾企业终端产品 OEM 制造合同,另一部分企业则是价值链低端外围产品的独立供应商。台湾地区企业在内地的另一个投资集中地是以江苏昆山为核心的长三角地区,投资设厂的台资企业基本上是全球已经具有知名度的半导体

① 参见徐建龙、吴毅：《中国电脑制造业揭秘》,北京邮电大学出版社 2000 年版。

代工企业,实际上企业的国际化生产已经达到 ODM 环节,通过在华投资转移相关产品的加工制造业务(见表 7 - 3)。

表 7 - 3　　　　　台湾地区主要 OEM 企业在长三角地区的直接投资

厂家	广达	仁宝	纬创	英业达	华宇	华硕	志合	大众	神基	伦飞	蓝天	精英
生产基地	上海松江	江苏昆山	江苏昆山	上海漕河泾	江苏吴江	上海南汇,江苏苏州	江苏苏州	江苏苏州	江苏昆山	江苏昆山	江苏昆山	广东深圳
大陆产能所占比例(%)	95	90	60	95	90	60	100	100	90	100	90	90

资料来源:沈玉良等:《中国加工贸易发展》,人民出版社 2007 年版,第 247 页。

　　目前台湾的自动数据处理设备产业和笔记本电脑产业的生产加工已经基本上转移到内地,作为投资方的台资企业实际上是将为美国企业的代工业务分解开来,将设计和测试环节留在台湾地区,而将加工组装活动转移到内地。在这个跨地区价值链内,台湾企业处于支配地位,既降低了制造成本,增加了贸易利益,也进一步优化了供应链支配力。大部分电脑代工企业超过 95％的出货量都在内地工厂生产。

　　近年来,台湾地区最大几家芯片代工企业也纷纷与内地当地集成电路企业推进合作,将一些技术比较成熟的芯片封装测试活动转移到内地,自身转型为整个产品项目的合同制造商以及设计制造服务商,不仅促进了台湾地区在芯片代工进程中的升级进程,也推动了中国企业参与芯片产业的国际生产网络。这个进程加深了整个芯片产业的专业化分工程度,目前约有 40％的中国芯片出口是从台湾地区设在内地的工厂出货的。

　　由于中国企业总体上是前沿信息技术的引入者和跟随者,以低廉的人力资本参与到产业的国际分工中,相关的国际化生产活动在全球价值链下对应的功能是来自跨国公司外部化的制造加工环节,因此,以台资企业为代表的 FDI 推动型出口实际上是中国参与跨国公司价值链的组装加工环节引致的贸易结果。

　　但是另一方面,中国作为计算机和电子消费品的潜在市场容量,已经成为外商加大投资力度的越来越重要的影响因素。中国具有 IT 产品和服务的巨大需求,全球企业都把中国更新换代速度非常快的硬件(无论是有线,还是无线)产品市场和相关的增值服务市场作为争夺目标;同时中国也是 3G 技术和 4G 技术的测试基地,中国企业生产了全球大部分的电子产品,也已经成为全球第三大半导体市场。

2001 年以后,在华的全球 IT 行业大企业,无论是旗舰品牌上还是全球合同制造商,都把中国作为未来 10 年来最重要的投资重点和市场培育对象。领先的设备制造商都在极力扩大其在中国市场的销售额,而中国市场是它们以前基本上没有涉足过的。

全球包括美国、欧洲和日本掌握前沿技术的 IT 品牌商越来越重视通过直接投资开拓中国市场,提高其创新技术在中国的推广和产品开发,来自欧洲的包括阿尔卡特、爱立信、诺基亚、飞利浦和西门子等企业都把中国作为新技术应用的最重要的合作伙伴,在国际投资战略上高度重视中国市场。美国从半导体产业、电脑和通信设备制造业到信息技术服务产业的品牌企业都在近年加大了对华直接投资的力度,例如 AMD、思科、康柏、惠普、英特尔、微软、摩托罗拉和 Sun Microsystems,积极地在中国开拓新的投资计划,通过设立合资和独资企业推动包括 OEM 制造乃至其他市场开发和经营的长期合作。摩托罗拉在亚太地区设立分支机构的中心从韩国转移到中国,近年来将中国市场置于高度重要的地位。当前摩托罗拉在亚洲的分支机构中有 6 个位于中国,2 个位于新加坡,其中包括了地区总部,而印度、韩国、中国台湾和泰国则分别有 1 个。摩托罗拉在华投资战略的长期目标已经超越了制造成本导向而转向增强创新竞争力环节,谋求在中国获得相对低廉的信息技术技能以加强自身的创新能力。摩托罗拉当前在中国雇用的 13 000 名员工中有10 000 名员工参与研发工作,相当于 8％的中国员工[①]。

在上述两个导向的直接投资和相关的技术转移的作用下,中国在信息技术产业上目前已经成为中间品和组装业务最大的供应商集聚地。这个形态对于整个该产业的全球网络层级关系带来重要影响,表现在两个方面:一方面,中国本地供应商的发展大大提升了产业的整体产能,使得处于中间层次的 IT 合同制造商有了更多的选择余地,由此推动合同制造商的专业化优势得到强化,产业内来自韩国、中国台湾和部分美国合同制造商都通过自身供应商网络的重构和扩容而进一步推进成本优化管理,对于自身在国际生产网络内专注于客户关系建设和产品创新发展带来有利因素。另一方面,中国在制造和加工能力上的提升对国际生产网络同一层次的东亚经济体(如印度尼西亚、马来西亚)构成挑战,对后者的国际化生产带来竞争效应,一定程度上刺激了供应商企业在企业升级上的努力。中国目前在芯片制造上的国际竞争力已经威胁到原先在亚洲半导体产业内的主要国家和地区,不

---

①　参见 Shahid Yusuf, M. Anjum Aliaf, Kaoru Wabeshima 编,中国社会科学院亚太所编译;《全球生产网络与东亚技术变革》,中国财政经济出版社 2005 年版。

仅包括在半导体装配产业上的后起之秀——马来西亚,而且与在长期芯片设计上具备优势的韩国、新加坡和中国台湾之间的差距也在逐步缩小。

三、中国信息技术产业在国际市场上的竞争力

根据出口产品的类别构成,中国出口最集中的四大类电子技术产品为:办公设备、电子通信产品、IT 产品和半导体产品。这四类产品的出口占全球市场的份额从 1995 年开始开始稳步上升,2001 年之后呈现加速上升趋势图中的趋势线(见图 7-1),这与中国加入 WTO 带来的出口扩大的正向影响有关,同时也受中国 IT企业技术升级的影响。到 2003 年,中国已经成为全球计算机和办公设备最大的出口国,所占份额达到了 20%;IT 产品出口占全球的份额接近 20%;电信产品出口则占全球市场的 12%,是全球第三大出口商;而半导体产品的份额增长相对缓慢,大约占全球的 5%;零部件出口占总出口的 40%,其中又有 80% 是半导体产品(行业内其他技术产品的主要部件)。

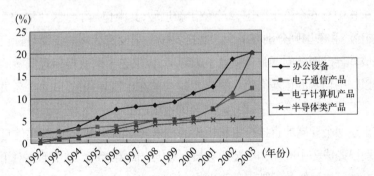

图 7-1　中国 ICT 产品出口占全球市场的份额(1992~2003 年)

注:ICT(Internet & Communication Technology)产业是指基于网络和通信技术产品国际通行的一个提法,所包含的产品根据 SITC 贸易分类数据 5 位数编码是从 75113 到 77689 之间 93 种产品的汇总,在产品范畴上可以粗略地归入信息技术产业的范畴。

资料来源:UNSD Comtrade 数据库,转引自 Alessia Aminghini, China in the international fragmentation of production:Evidence from the ICT industry, The European Journal of Comparative Economics, Vol 2, n. 2,pp. 203~219,p. 207。

中国信息技术产品出口的总体规模在整个亚洲经济体内已经接近日本,而且出口总额和增长率在发展中国家排名第一。从 2004~2005 年,中国电子信息产品出口占全球的份额从 13.9% 提高到 15.1%,伴随着这个增长进程的是美国所占的出口份额从 21.3% 下降为 20.60%,而日本和韩国所占的比重仅有微弱的提升,2005 年两个国家所占比重仅为 15.7% 和 7.2%。可见,从规模上看,中国在这个

产业的出口竞争力已经与产业的领先国家日本不相上下,并远远超过韩国(见图7-2)。

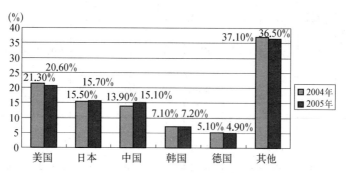

图7-2 电子信息产品产值排名前5名国家所占比重

注:电子信息产品包括:电子元器件、电子数据处理设备、无线通信与雷达设备、消费类电子产品、电信设备、医疗与工业电子设备、电子控制与仪器设备和办公设备(参见《中国信息产业年鉴》)。

资料来源:中华人民共和国信息产业部《中国信息产业年鉴》电子卷编委会:《2006中国信息产业年鉴(电子卷)》,第476页。

四、中国信息技术产业在东亚地区的国际竞争力

根据前面中国承接国际产业转移态势的分析,中国现有的出口竞争优势很大程度上来自日本和中国台湾等新型工业化经济体的产业转移,是价值链的"生产分割"的结果,而日本与中国台湾在20世纪90年代实现了为欧美公司OEM生产的鼎盛时期后,开始对国际化战略加以调整,这些企业升级为具有自主战略的跨国企业,发展服务领域的竞争优势或者开始OBM形态的国际化生产,而到中国沿海城市寻求OEM生产以及产品组装和合作伙伴方,实现制造组装活动的国际转移。

目前,在东亚地区形成的信息技术产业国际价值链内,中国基于后发优势和强大的学习能力,已经与亚洲"四小虎"国家(印度尼西亚、马来西亚、菲律宾和泰国)在大部分中低端产品上构成激烈的竞争,从相关产品的出口市场份额变化的对比得以反映(表7-4)。就出口竞争力而言,中国的竞争优势正逐步扩大,对中国改善在产业内分工内的利益分配格局将带来正面影响。

表中的数据是亚洲的经济体和主要发展中国家在电子产品出口份额在1993~2003年之间的变化,数据显示,中国向全世界的出口份额提高幅度在整个亚洲主要国家中是最大的,10年里提高了9.7%,而且2003年占全球市场出口的份额达到12.5%。

表 7－4　1993～2003 年中国和其他亚洲经济体电子产品出口所占份额的比较　　单位：％

电子品出口	进口国家									在全球出口中的份额(2003)
	日本	四小龙国家	四小虎国家	中国	印度	其他亚洲国家	EEA	NAFTA	全世界	
日本		－2.5	－0.4	0.8	0	－0.3	－2.8	－5.8	－11.6	10.5
"四小龙"经济体	0.3	1.0	0.3	2.7	0.2	－0.1	0	－2.3	1.8	19.3
"四小虎"国家	0.4	0.7	0.4	0.9	0	0.1	0.7	0.2	3.5	10.1
中国	1.0	2.3	0.5		0.1	0.2	2.4	2.8	9.7	12.5
印度	0	0	0	0		0	0	0	0.1	0.1
其他亚洲国家	0.1	0.1	0.1	0	0		0	0	0.4	1.0
全世界	3.5	5.4	2.0	6.9	0.5	0.6	16.8	0.8		100
在全球进口中的份额(2003)	5.4	17.6	5.0	8.4	0.6	1.8	33.0	21.6	100	

资料来源：Guillaume Gaulier, Francoise Lemoine, Deniz Uenal-Kesenci, "China's emergence and the reorganization of trade flows in Asia", China Economic Review, 18(2007) 209～243。

就亚洲经济体在相关产业内国际分工结构中的位置而言,发展中经济体普遍都实现了产品的"高端化",产品线的附加价值都有所提高。因此,以东亚雁形结构内相对后进的中国和"四小虎"的定位看,仍然遵循着产品生命周期理论所指导的分工规律,实践着产业动态竞争优势的"次第"推进。从数据看,"四小虎"经济体虽然面临中国强有力的挑战,但是在电子产业的动态产品(Dynamic Products),即附加值较高的电子产品上的市场份额的领先地位直到 2003 年还是超过中国,为了应对中国的挑战,这些经济体沿着质量阶梯向上攀升,大体保持了它们在动态产品和高质量、高价格产品上的出口份额。它们在 2003 年电子产品全球出口中所占的份额为 10％,比 1993 年的 6.6％提高显著。虽然向美国的出口放缓,但是被向其他地区的出口增长所抵消。

根据产业中比较通行的甄别技术水平的"质量/价格"指标来判定,我们可以发现：日本的出口产品仍然包含最大高技术水平的产品,与其他亚洲经济体的总体技术水平拉开差距。亚洲"四小虎"、中国和"四小龙"经济体在高技术产品的份额水平是类似的(在40%～50%之间),这个特点反映了电子产业的国际生产专业化分工的深度。如果对三个竞争主体的出口产品组内部进一步细分,可以发现,"四小虎"国家在高端市场产品上的份额提高幅度更大,从1995年的5.6%提高到2003年的6.6%,远远高于中国的2.5%,而且中国在此期间的增长非常缓慢。与此形成对照的是,那些低端产品(低质量/低价格产品)则大量转到中国企业,成为后者在各类电子产品出口中份额增长最快的领域。两者在这类产品上呈现"替代效应",在电子产品大类内部,70%的出口产品属于低质量/价格,不仅如此,在电子产品相关制造业中外资企业的贡献超过80%①。

中国信息技术产品的进口构成中最活跃的是来料加工装配的进口,进口增长率达到43%,而一般贸易的进口不仅绝对值非常低,而且呈下降态势,这与我国目前总体贸易结构中加工贸易占七成以上的大背景是一致的,反映出中国参与产业内国际分工格局中高度集中于加工组装活动,在出口上还是高度依赖与国外企业的外包合作渠道,而且这个趋势在进一步扩大中,基于自有技术和品牌的一般贸易处于边缘地位。进一步选取中国目前具备较强国际竞争力的通信和计算机两大类产品,通信技术类产品的加工贸易比重达到70%,其中出口占了85%,而一般贸易的出口仅占出口总额的13.5%,计算机类相关产品的加工贸易比重更高,加工出口占总出口的比例高达95%,一般贸易为1.55%,但是增长率达到了31%。

表 7 - 5
2005 年中国通信和计算机产业按贸易方式划分的进出口比重

行业 \ 贸易方式	进口/出口	进料加工贸易	来料加工装配贸易	一般贸易
通信设备行业	进口	50.8%	3.9%	30.5%
	出口	79.9%	5.6%	13.5%
计算机行业	进口	46.7%	17.7%	13.2%
	出口	78.3%	17.3%	1.55%

原始数据来自中国人民共和国信息产业部《中国信息产业年鉴》电子卷编委会:《2006 中国信息产业年鉴(电子卷)》,第 268 页。

---

① 参见 Guillaume Gaulier, Francoise Lemoine, Deniz Uenal-Kesenci, "China's emergence and the reorganization of trade flows in Asia", China Economic Review, 18(2007), p. 220.

第二节　中国信息技术产业国际化生产的竞争优势

中国作为一个高度参与信息技术产业国际生产体系的发展中国家,其技术升级的动因和路径基本上遵循前面第五章所描述的发展中国家技术进步的规律,本节将综合各类数据对技术升级过程下的综合竞争力加以考察。为此,需要分析产品的市场表现以及企业在价值链内的功能表现。前者关注的是贸易产品,尤其是作为中国对外贸易主体的中间产品的贸易竞争优势,由此解读中国产业在国际分工中的专业化优势;后者则关注中国企业生产经营在跨国价值链功能属性上的变化。通过这两个层面的信息,我们能够对中国信息技术产业在国际生产体系下的综合竞争力有所认识。

一、产业的专业化优势与发展动向

为了描述一个国家在特定产品国际分工中的专业化优势,我们引入净贸易指数(NET)。产品层面的 NET 代表的是一国的净贸易地位,指数反映该国是否是某一产品的净进口国或净出口国。因为该指标将进口和出口数据都纳入了计算公式,相比显性比较优势(RCA)指数更能精确反映一国的比较优势。如果 NET 指标为正,表明该国是某产品的净出口国,该数值越高,代表更强的比较优势。如果一国具有生产某种产品的比较优势,但同时又对同种产品有更强的进口依赖,即 NET 指数相对较低。

区分办公设备、IT 产品、电信产品和半导体产品四个大类,对电子信息行业作 NET 指数分析,中国在信息传输与通信最终产品和设备的专业化生产方面有了显著提高,同时也可以看出,中国 ICT 中间产品的出口优势已经有了显著提高。根据贸易规模的大小,我们选择主要的积类产品考察其专业化优势,总体上看,中国在这些产品上已经成为一个优势较强的净出口国(见表 7 - 5)。

(1) 电信产品:发生净贸易地位的转换,即从 1992 年的净进口国转变为 2001 年的净贸易出口国,体现了专业化优势的显著提高。

(2) 数据传输设备:这个领域的净出口国地位进一步强化,个别产品指数提高非常快,超过了3,体现出极强的出口专业化优势,这个领域的产品部分是办公自动化的设备,部分产品作为计算机设备的中间投入。

(3) 半导体元器件和电子产品：中国从 1991 年的净进口国转变为 2001 年的强净出口国，表明这个领域出口的专业化优势显著加强。这类产品技术含量较低，广泛应用于各类电子产品和电脑产业。

表 7-6　　　　　中国信息技术产业部分产品的净贸易指数(NET)变化

产品大类	SITC 编码	商 品 名 称	NET(1991)	NET(2001)
电信产品	76426	电路放大器	−0.70	0.61
	76415	电话与电报转换设备	−0.97	0.43
	76422	扬声器	−0.02	0.87
	76482	电视摄像机	−0.95	0.03
数据传输设备	7522	数字式自动数据处理机	0.07	0.67
	7526	数据输入和输出单元	0.23	3.56
	7527	存储单元	0.01	1.54
	7529	数据处理设备	0.24	0.93
半导体元器件	77261	小于 1 000 伏的电流板	0.40	0.83
	77262	大于 1 000 伏的电流板	0.01	0.06
	77635	电子半导体闸流管	0.04	0.53
	77245	避雷器、电压限制器	0.26	0.90

资料来源：OECD 贸易数据库，转引自 Alessia Aminghini, "China in the international fragmentation of production: Evidence from the ICT industry", The European Jounal of Comparative Economics, Vol. 2, n. 2(2005), p. 218。

由于上述产品基本上属于信息技术产业的最终产品，因此反映的是最终产品的专业化分工形态。而近 10 年来由于产业本身"生产分离"趋势的加剧，中间产品的贸易占整个 IT 产品贸易超过 1/3，而在中国企业的贸易产品结构中，中间品所占比重也不断提高，而且占了越来越大的比例。根据前文的描述，中国在信息技术产业国际化下的贸易是大量承接国外跨国公司的制造加工业务的结果，大量资料表明，跨国公司在华投资生产出口品主要依赖大量进口零部件的成品出口，在华的企业以及作为当地供应链的本地企业从事产品的加工组装，在贸易结构上呈现加工贸易为主的形态，即在进口大量零部件基础上经加工组装再出口。所以，从最终产品出口竞争力和专业化程度角度无法真实考察中国在产业分工中的地位，对中国在产业分工中的专业化地位的考察必须还要考虑中间品贸易类型的特征。因此,我们需要更多地关注中间产品贸易领域在中国的专业化优势的变化。

由于 IT 产业内最终产品和中间产品门类的庞杂,中间投入品的边界难以确定,缺乏相关的权威资料,因此我们首先考虑目前信息技术产业主要大类即计算机产业、通信产业和电子信息技术产业产品生产过程中应用面较广的中间投入品;其次,考虑中国在相关产品范畴内国际贸易规模的大小,选择了五类比较重要的中间投入品,即集成电路及微电子组件(HS8542)①;绝缘电线、电缆及其他绝缘电导体(HS8544);光缆、电路开关、保护等电气装置,线路 V≤1 000 V(HS8536);印制电路板(HS8534);半导体器件与已装配的压电晶体(HS8541)。这五类产品应用于绝大部分电子信息产品、计算机和通信产品终端产品的生产中。通过对这五类贸易净贸易指数的计算,我们对中国在相关产品上的专业化优势所有认识(见表7-7)。

表7-7　　　　　中国信息技术产业主要中间品的净贸易指数(NET)

产品类别	2000 年	2001 年	2002 年	2003 年	2004 年	2005 年	2006 年	2007 年
集成电路及微电子组件	−0.648 9	−0.732 4	−0.718 8	−0.727 9	−0.692 2	−0.698 3	−0.665 1	−0.679 6
半导体器件等;已装配的压电晶体	−0.396 9	−0.460 9	−0.525 2	−0.515 5	−0.500 3	−0.451 7	−0.364 0	−0.220 7
印刷电路	−0.056 6	−0.119 7	−0.158 4	−0.209 6	−0.140 6	−0.103 5	−0.064 1	−0.061 1
绝缘电线、电缆及其他绝缘电导体,光缆	0.091 80	0.087 77	0.127 97	0.185 95	0.218 37	0.274 64	0.352 92	0.424 70
电路开关、保护等电气装置,线路 V≤1 000 V	−0.086 7	−0.169 7	−0.171 4	−0.212 7	−0.234 9	−0.211 8	−0.190 4	−0.174 3

数据来源:UNCOMTRADE,转引自 EPS 数据平台(www.epsnet.com.cn)。

我们综合产品的单价和应用领域,对上述五类产品的技术含量大致作一个区分,其中集成电路类组件的技术含量相对较高,而印制电路板和半导体器件处于中等水平,绝缘电线和电路开关则属于相对技术含量较低的产品。从表7-7的NET 指数的历年变化情况看,除了绝缘电线和电缆类产品的指数值是正的,其他四类产品的指数值都是负值,表明中国在四类产品上都是净进口国。从指数的变

---

① 这里的 HS 分类标准是 1992 年版海关编码下的商品分类标准。

化趋势看,集成电路类产品和印制电路板产品的指数呈现贸易劣势略有加深的趋势;而半导体类产品的 NET 指数仍然是负值,但绝对值趋于缩小,反映其贸易劣势呈降低的趋势;而电路开关类产品则体现了负值的绝对值增加,说明其贸易劣势进一步加深的趋势。

二、中美两国间中间品贸易的专业化分工地位

由于中国的 IT 贸易的伙伴国呈高度集中趋势,因此我们选择该产业最大的贸易伙伴国——美国,对两国之间的中间产品贸易形态作进一步分析。由于美国是中国 IT 产业领域在华直接投资最大的国家之一,因此两国的贸易格局无疑受美国在华投资战略意图的高度影响,同样选择上述五类中间品,通过出口和进口规模的比较以及 NET 指数的考察,我们可以了解两国之间中间品贸易的格局。

根据这五类 IT 中间产品的贸易情况看,无论是进口还是出口都呈现高速增长态势(见表 7 - 8),集成电路产品的总体贸易规模远远超过其他四类产品,而且贸易格局体现为净进口特征,进口金额近 8 年来的平均增长率达到了 30%,出口增长率为 23%(见图 7 - 3),两者的增长率都超过其他四类产品的增长。而且,该类产品进出口的之间的差距持续扩大,出口自 2006 年以来有下降趋势。这个特征背后的主要原因在于:一方面,这类产品是计算机和通信产业大部分产品的关键组件,应用面非常广,而本地企业在相关最终产品的加工组装业务上需要大量集成电路产品,因此该类产品的进口实际上是中国目前在产业内加工贸易进一步扩大的反映;另一方面,通过进口满足本地集成电路市场的缺口。近年来中国本地市场由于信息化进程的迅猛推进,对芯片产品的需求非常旺盛,导致国内的生产能力尚不能满足所有的需求,而其生产技术,尤其是其中高端产品的生产上与发达经济体之间还是存在着巨大的差距,因此对进口依赖程度非常高。

2000～2007 年中美两国主要信息技术产品
中间品的进出口规模

表 7 - 8 单位:万美元

	2000 年	2001 年	2002 年	2003 年	2004 年	2005 年	2006 年	2007 年	年均增长率
进口									
集成电路及微电子组件	106 779	155 671	161 759	186 722	371 597	424 674	639 741	683 920	30%
绝缘电线、电缆及其他绝缘电导体;光缆	9 660	10 078	11 005	11 441	16 134	17 951	23 218	29 093	17%

（续表）

	2000 年	2001 年	2002 年	2003 年	2004 年	2005 年	2006 年	2007 年	年均增长率
电路开关、保护等电气装置、线路 V≤1 000 V	16 034	17 646	17 361	23 854	32 719	35 149	45 213	47 122	17%
印制电路板	4 099	3 368	3 491	5 250	8 111	7 524	8 083	8 478	11%
半导体器件等；已装配的压电晶体	27 019	25 611	68 110	38 617	28 995	29 700	36 512	37 157	5%
出口									
集成电路及微电子组件	35 634	32 468	43 131	59 629	84 319	147 886	185 118	130 631	23%
绝缘电线、电缆及其他绝缘电导体；光缆	33 674	33 187	42 909	48 224	68 283	89 731	132 231	174 133	26%
电路开关、保护等电气装置，线路 V≤1 000 V	18 484	17 795	26 828	32 217	43 712	52 783	72 792	79 036	20%
印制电路板	17 887	15 441	16 774	14 945	25 594	33 293	42 850	43 424	14%
半导体器件等；已装配的压电晶体	13 154	10 113	9 644	12 987	17 596	27 393	36 678	51 341	21%

数据来源：UNCOMTRADE，转引自 EPS 数据平台(www.epsnet.com.cn)。

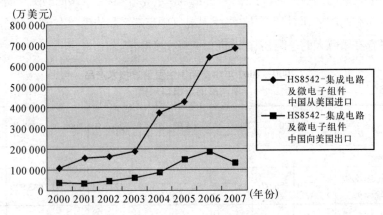

图 7-3　中美两国之间集成电路类产品进出口金额变化

资料来源：同表 7-8。

除了集成电路类产品之外,中间品的出口增长率都超过进口的增长率,从净贸易指数看除了集成电路类产品的四类产品呈现净出口态势(见表7-9),其专业化优势呈不断提高的趋势。这个趋势表明,中国对美国集成电路的依赖程度不断提高,中国呈现明显的专业化劣势格局,而在其他中低技术类产品上,中国相对美国具备出口优势,专业化的优势在逐步提高,这本身也是美国发达国家在华通过直接投资和外包路径转移部分中间品的贸易结果,也与中国目前专业化的优势还处在中低技术层次产品的现状是相一致的。

表7-9　　　　　中美之间主要信息技术产业中间品净贸易指数(NET 指数)

	2000 年	2001 年	2002 年	2003 年	2004 年	2005 年	2006 年	2007 年
电路开关、保护等电气装置,线路 V≤1 000 V	0. 070 98	0. 004 20	0. 214 22	0. 149 13	0. 143 82	0. 200 53	0. 233 70	0. 252 96
绝缘电线、电缆及其他绝缘电导体;光缆	0. 554 16	0. 534 11	0. 591 76	0. 616 48	0. 617 76	0. 666 60	0. 701 28	0. 713 68
集成电路及微电子组件	−0. 499 57	−0. 654 85	−0. 578 9	−0. 515 89	−0. 630 11	−0. 483 42	−0. 551 15	−0. 679 25
印刷电路	0. 627 09	0. 641 86	0. 655 45	0. 480 09	0. 518 70	0. 631 34	0. 682 62	0. 673 29

数据来源:UNCOMTRADE,转引自EPS数据平台,经作者计算。

上述贸易格局表明,中国已经广泛进入到信息技术产品的专业化生产体系内,嵌入到该产业全球生产的"链条",部分产品已经进入附加值的"中间层次",这与现实中与跨国公司开展的合作项目的技术层次提高是一致的。国外学者实证研究也表明,中国出口品技术复杂度呈不断提高的态势(Gaulier, Lemoine & Unal-Kesenci,2007)。但我们也应看到,出口产品的专业化优势实际上受到跨国公司在华投资导向的影响。总体上,中国企业的分工地位在产业国际价值链内处于较低技术含量的产品上。但是,现有的产业发展环境有利于中国企业的升级,一方面,外资企业之间的竞争加剧,为争夺本地市场,各个跨国公司之间积极加快技术转移,从而形成有助于本地企业吸收和学习技术的环境;另一方面本地国民经济信息化发展的内在要求也在人才上保证了获得技术外溢效应的条件,政府旨在提高创新能力的产业技术倾斜政策,很大程度上提升了要素配置的效率。目前我们可以看到外资在华的新项目基本上一并带来产业内的前沿技术,这类项目不仅有利于本地产业能级的提高,也有助于本地企业与外资企业之间的技术交流,这些因素都有利于中国企业在中高端产品上的专业化优势不断提高。

三、中国企业在全球价值链下的功能升级

前文阐述的产品专业化优势的变化是我们考察中国产业整体技术能力的一个侧面,除此之外,我们还需要从价值链升级的内涵,来考察中国企业在价值链功能升级上的表现。

在信息技术产业内,发达国家跨国公司与中国本地公司最早的合作方式是中国企业作为跨国公司的品牌代理商和分销商,通过这个合作,中国本地企业有机会参与价值链内销售环节利润的分配,反映为产业价值链销售环节内部分区段从跨国公司母公司剥离出来,这个过程为中国本地消费者熟悉产品,从而形成用户群奠定了基础。在此之后,跨国公司与中国企业的合作转向以投资为纽带的制造环节,从 20 世纪 90 年代开始,跨国公司出于降低成本和渗透中国本地市场的考虑,转移了部分加工组装活动,实现了生产制造环节的局部性转移,扩大国际化生产的规模,实现跨国公司降低生产成本和延长产品生命周期的作用,类似于当年中国台湾和韩国的发展道路。这个阶段的国际化生产主要依赖中国的劳动力和中等技术人员的低成本优势,构成跨国公司全球筹供战略下寻求"外源"供应商的主要途径。从 21 世纪初开始,跨国公司在中国研究开发环节上的国际合作趋于活跃,主要微观载体是跨国公司在华建立研发中心,利用中国本地技术人员和研究人才推动跨国公司在华研发的本土化。这个趋势背后一方面体现了跨国公司为进一步扩大本地市场份额而更加积极地开发适合中国本地的新产品;另一方面则是中国创新人才队伍不断扩大的表现。这个趋势构成了中国在信息产业国际合作从价值链低端向高端转型的轨迹。

总体上看,中国企业目前在全球产业国际生产网络内与核心企业的合作模式基本上还是承接品牌商的外包和分包(二级外包),后者往往是产业内的大型合同制造商(一级承包企业)将整个外包业务分解出来,将其中部分生产工序进一步跨国外包,成为价值链特定细分区段的"第二来源"。这类跨越国界的外包活动与在华设立有控股关系的生产基地一起,共同构成中国参与产业垂直型分工的主要载体。近年来,根据在华合资企业和部分本地企业开展的国际合作项目看,其中越来越多地包含本地人员的设计和创新,当地的研发资源越来越多地参与到相关的外包项目中,从企业作为跨国供应链的载体而言,相关的模式从 OEM 向 ODM 升级的趋势正不断加强。

　　由于数据支持上的限制,上述国际生产形态的演变过程很难准确地加以量化,只能通过已有的企业调研资料加以考察,从微观层面对中国企业在产业国际生产中的地位加以粗略地估计。世界银行 2001 年所作的一个跨行业的企业调研,对于这一视角下中国产业国际化的认识有所帮助,这项研究在被调研的制造业和服务业企业内 1 500 多家中国企业进行问卷调查和访谈,根据 995 家有效样本的信息加以汇总,对中国企业参与国际生产网络的情况有一个粗略的分析。该研究将企业区分为"参与国际生产网络的企业"和"未参与国际生产网络的企业"两种情况。对前者的界定主要包含四种国际化经营的形式: (1) 使用由国外企业提供的中间品;(2) 为国外企业生产中间品;(3) 为外国企业生产特定规格的部件;(4) 为外国企业提供融合特定设计的中间品、特别设计的服务或者研发活动。具体展开有六种形态。本文选择了其中与信息技术产业范畴内的电子零部件和电子设备产业,根据被调查企业的回答对企业在六种形态下的参与程度加以汇总(见表 7 - 10)。这个汇总比较粗略地描述了中国企业在国际生产网络内的形态以及参与强度。

表 7 - 10　　　　　　　**参与国际生产网络的中国企业所占的比例**　　　　　单位: %

	使用国外企业提供的中间品	为外国企业生产中间品	为外国企业生产最终产品	为外国企业生产特殊规格的产品	为外国企业设计产品中间品	为外国企业提供设计服务或者研发
平均比例	6.9	20.5	25.2	40.8	15.4	36.6
制造业部门	5.6	13.8	20.0	31.8	10.8	34.9
电子零部件产业	9.5	27.0	34.0	55.5	17.0	47.5
电子设备产业	3.5	20.5	21.0	32.0	10.5	28.5

　　资料来源: Ke Li, Yifan Hu, Jing Chi, "Major Sources of Production Improvement and Innovation Growth in Chinese Enterprises", Pacific Economic Review, 12: 5(2007), p. 693.

　　从表 7 - 10 中可以看到,六种形态中所占比重最高的是"为外国企业生产特殊规格的产品"和"提供设计服务和研发服务"两类,反映出我国制造业参与国际网络的环节已经从早期的加工组装这类低端环节转向包含技术和创新要素的中高端环节,为行业长期竞争优势起积极作用。通过分产业数据的对照可以看到,归属于信息技术产业的电子零部件产业和电子设备产业,相对制造业参与国际生产网络的程度更深。其中,电子零部件产业作为提供信息技术产业中间投入品最主要的行业,在上述大部分指标上都高出制造业平均水平,其中与制造业总体水平差距较大的三项分别是"为外国企业生产中间产品"、"为外国企业生产最终产品"以及"为外国企业提供设计和研究服务",表明该行业在制造和设计环节都已经具备了较强的国际竞争力;而电子设备产业作为最终产品制造商与制造业总体水平比较接近,其中"为外国企业生产中间产品"这项指标上高于制造业平均水平,但是在"为外国企业提供设计和研究服务"一项上落后于平均水平,表明该行业企业的国际化生产的功能定位还处于相对低端的环节。

以上实例反映了我国企业在参与国际生产网络的路径上呈现功能升级的积极态势,提供技术密集度较高的设计和开发功能的企业比重已经超过了单纯提供生产外包的企业的比重。这个事实可以作为中国从 OEM 模式提升到 ODM 模式的一个佐证,同时也反映了信息技术产业内的企业在多年承接 OEM 制造活动的基础上成功地推动了技术学习效应,对提升外包合约纽带下国际化生产和经营模式水平带来积极作用。

第三节　中国提升信息技术产业升级面临的挑战

如前文所述,中国信息技术产业的大部分本土企业在国际分工格局下的竞争优势主要还在于中低产品的制造加工,对于产业全球价值链的跨国安置而言,这是一个必然的选择,但是就中国本地产业的创新进程而言,面临着来自跨国公司控制价值链以及企业技术投入相对不高的种种挑战。在目前行业内发达国家企业主导价值链研究开发以及分销环节的态势下,中国的升级路径亦遇到本地企业推动原创性技术能力提升的资本约束与市场约束。本节在总结中国信息技术产业诸多挑战的基础上,重点就半导体芯片产业的国际化经营成果和战略取向进行阐述。

一、价值链功能升级面对的"门槛"

中国信息技术产业参与跨国公司的国际生产网络是未来相当长一段时间内产业开放的现实环境,而且仍然是我国利用外资政策的重点产业,产业国际化趋势在未来仍将呈现承接行业内领先企业制造外包的格局,这是基于现有生产要素结构的价值链全球安置的格局所决定的。虽然产业整体发展态势有利于中国企业提高竞争力,但是从价值链的跨国安置格局来看,中国企业的被动地位是十分突出的(表 7 - 11)。

各国厂商在世界和中国计算机产业全球
表 7‑11　　　　　**价值链各环节主导方的格局**

链节	价值链上游	价值链中游			价值链下游	
内容	CPU/OS	硬盘内存芯片	显示器主板	其他	组装	市场
世界	美	美、日、韩	日、韩、台湾地区	台湾地区	台湾地区	美、日、台湾地区
中国	美	美、日、韩	中国、台湾地区	中国、台湾地区	中国、台湾地区	中、美

资料来源：沈玉良等：《中国加工贸易与产业升级》，人民出版社 2007 年版，第 270 页。

　　从表 7‑11 中可以对该产业的全球价值链下的国别竞争态势有所认识,首先,美国品牌企业在中央处理器(CPU)和操作系统(OS)上的竞争优势构成美国在价值链上游占主导地位的形态,而硬盘除韩国"三星"外的具有品牌竞争优势的企业都来自美国和日本,美国企业对整个价值链的控制形态非常明显。其次,美国企业具有在产业价值链两端链节的强势,是控制价值链"微笑曲线"两端的国家,既致力于创新技术的开发,也具备强大的控制遍及全球的销售渠道优势。上述两方面的优势综合起来导致美国因品牌号召力和价值链的统领能力而获得高额利润。再次,日本、韩国和中国台湾厂商近年来在东亚地区的国际供应链上也趋于强势地位,在该地区制造链的次级价值链上持有显著的支配地位。而中国企业由于不具备核心技术优势,目前的总体竞争优势除了在加工组装环节之外,在部分销售、服务业务上有一定的本土优势,但由于整个产业维持制造能力存在着极高的对外依存度,因此实现功能升级面临的障碍还是非常大的。

　　我国信息技术产业内从产值到出口高度依赖外商投资企业,比较产业内不同所有制企业的出口规模和增长率,可以看到虽然外商独资企业与合资企业仍然是出口的"主力军",本地企业的绝对规模非常小,但是增长势头还是非常迅猛的,在出口增幅上远远高于外商独资企业,显示出强大的后劲(见图 7‑4)。

　　有学者专门对我国目前电子产品和电脑产品的外资企业最集中的东莞市进行了国际化生产和技术升级的调查(王缉慈,2007),东莞在过去 10 年是以电子和电脑机器零部件为支柱产业,该产业产值占全市 GDP 的 1/3,是世界主要电脑制造商的零部件采购基地之一。IBM、康柏、惠普、戴尔等电脑公司都把东莞作为重要的零部件采购基地,因此,东莞的外资企业在产品和技术上的表现是体现我国该产业外资企业发展的典型例子。当地 90％的企业都是外资企业,这些外资企业分支

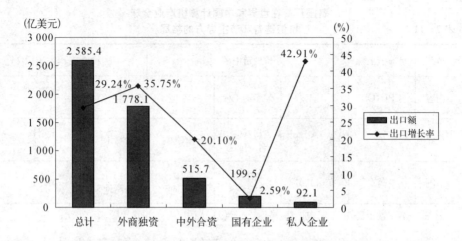

图 7-4　2005 年我国不同所有制类型企业电子信息产品出口情况

资料来源：中国信息产业部《中国信息产业年鉴》电子卷编委会：
《2006 年中国信息产业年鉴电子卷》，第 258 页。

机构与母公司的关联活动，将近 60% 的生产业务属于代工生产和来料加工。由此可见，当地外资企业在母公司价值链中大多处于低端，赚取的利润来源主要是组装加工费用。这个格局虽然符合跨国公司的全球要素配置格局，但是当前跨国公司全球网络的发展动向也给中国产业国际化环境带来一些不确定性。

目前中国集成电路、软件和电子仪器作为信息技术产业自主发展的关键领域，在销售收入上占全球市场的比重逐年提高，而且贸易竞争指数从 21 世纪初的 0.008 攀升到近年的 0.097，年增长率达到 52%。但是与发达国家相比，出口竞争力仍然较低，主要原因是本土企业不掌握核心技术，产品附加值低。研究表明，在发展中国家外商直接投资能够有效地在东道国转移和部署生产技术，但对建立或转移更深层次的创新能力的效果却很一般(江小涓，2002)。

二、进入价值链高端环节面临隐形壁垒

由于信息技术产业内以芯片为代表的核心零部件大多归属于半导体集成电路产业，该产业的技术创新很大程度上代表了信息技术产业技术路线的发展。因此，加快信息技术产业的创新步伐需要从半导体集成电路产业入手。目前，中国的半导体产业产能很大，但是产品档次较低，半导体产品的出口和进口呈高度不相称，大部分出口产品是低端设备，使用的基本上是成熟的制造技术，因而进口产品大多是包含复杂技术的设备。目前，中国所有半导体设备需求中有大约 70% 依靠进口，接近于 20 世纪 90 年代初的韩国半导体产业。为了提升产业能级，我们在半导

体产业上需要尽快改变目前在芯片以及其他半导体产品开发方面依赖国外的局面。

由于半导体产业是一个高度技术密集型而且需要多元生产要素和发展条件的企业,目前这个产业的创新进程中面临着不少隐形的壁垒。

首先,随着创新的加速,半导体项目先期投资上的门槛不断提高。根据美国半导体产业协会的估算,随着晶元技术档次的升级,相关生产线的最低投资要求也随之提高(见表7-12)。

表7-12 晶元生产线投资成本

生产流程技术	最低投资要求*
6英寸晶元(0.5~1.2微米)	2亿美元
8英寸晶元(0.35~0.5微米)	12亿美元
12英寸晶元(小于0.35微米)	25亿美元

*：估计数据。参见《全球生产网络与东亚技术变革》,中国财政经济出版社2005年版。

由于半导体行业的特殊属性,该产业投资门槛要高于信息技术产业其他子行业,而且在产业基础设施、人员结构以及相关的生产者服务配套能力上的要求都高于其他行业。从中国台湾的发展经验看,晶元制造业实现高效运作以及不断的产品创新必须高度依赖于完善的基础设施和包括技术服务、商务服务及其他各类专业服务的配合。根据前文关于价值链升级路径的描述,培育由"物流网"发展为动力的服务功能对价值链升级具有重要意义,而物流网等生产服务功能依托的组织形态主要是产业集群,因此依托产业集群式的发展是推动产业整体升级的一个重要因素(见图7-5)。企业主体之间地理距离接近,不仅有助于实现信息、技术上的充分沟通,也带来物流便捷、降低交易成本等好处。然而中国相关企业至今尚未形成符合上述要求的晶元产业集群,引发产品在沿着价值链推进各环节之间衔接上的巨大成本。目前,中国晶元生产价值链上游的主要材料高度依赖以美国为主的国外市场。例如,用于建设现有8英寸晶元生产线的材料有90%需要进口,国内半导体生产设备制造商只能满足不到10%的国内需求,整个产业的价值链的中间投入品高度依赖国际市场。另一方面,半导体基础设施和支持性产业也非常薄弱,导致整个半导体产业远未形成一个基于本地资源的价值链,不利于产业集群的发展。这导致企业自主性技术创新所需要的成本非常高,显然对国内半导体产业的长期竞争力提升是不利的。这个局面的背后是中国半导体产业整体发展环境上面临的问题,在生产设备、工具、基础设施、研发和教育培训等方面的发展水平滞后于产业发展的整体要求,导致半导体产业需要的集群无法真正形成。

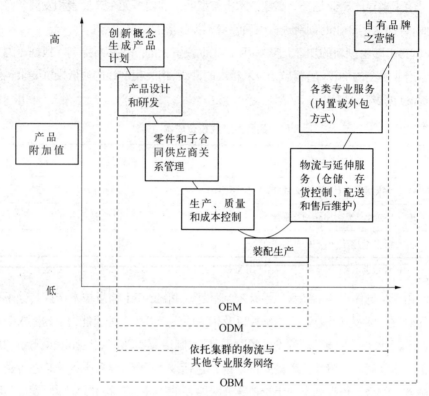

图 7-5　IT 产业价值链升级进程下的国际化生产模式演进

其次,外资企业日益"自由化"的政策环境不利于本地企业的发展。近年来,在华外商直接投资出现跨国公司配套网络的"本土化逆转",伴随着行业内跨国旗舰企业在华投资的扩大,产业全球网络中来自其他国家的配套企业也相应进行跟随式的投资,东道国在产业链上出现了核心跨国公司与配套跨国公司相继投资的现象,使本地的供应链呈现国际化的趋势。本土企业这个趋势的结果是相关行业内跨国价值链网络关系整体复制到中国。在这个网络中,企业之间的技术转移和合作对本土企业构成了一定的排斥。

与此同时,由于国内需求的日益扩大以及市场准入壁垒的不断降低,以电子行业为代表的 IT 制造业实际上已经呈现过度竞争的状态,这不仅意味着市场规模急剧扩大,而且意味着在市场上几乎没有绝对优势的企业,实质上降低了外资进入的成本。而近些年来,随着发达国家国际直接投资模式的调整,并购方式在跨国公司对华投资的格局中占有越来越突出的地位。这个趋势在中国加入 WTO 以后更加鲜明,尤其是以产品更新快、技术周期短为特征的 IT 国际企业主观上更愿意通过并购国有企业的方式实现对本地市场的迅速渗透。这个投资手段对一部分处于困境的企业而言,解决了生存危机,但由于目前中国对国有资产评估体系和法规的不完善,以及一些企业管理层出于私利进行违规操作,对企业大量让渡股权,低价甚至无偿出让品牌、商业信誉、原材料供货渠道、产品销售网络等无形资产,大大降低了外商跨国投资的门槛,并购方式极易导致在极短时间内在同行业国内其他企业面前树起了一个强大的竞争对手。

三、原创性技术创新投入相对薄弱

作为产业创新要素的核心成分,创新资本投入发挥着巨大作用。2005 年中国基础研究①经费支出比上年增长 18.8％,应用研究②经费支出增长 16.4％,而试验发展③经费支出比上年增长 24.3％。基础研究、应用研究、试验发展支出所占比重分别为 5.2％,16.8％和 78％④。从这个结构可以看到,基础研究投入所占比重还比较低,这反映出我国目前的研发资金运用上更加偏好应用型研究和试验发展研究,这固然对科技成果的产业化进程有利,但是从长期看,对基础研究投入的不足,会引起原创性的创新活动缺乏后劲。反映到专利申请上,目前外国大跨国公司在我国专利申请上是最活跃的主体,本地企业的专利成果处于严重落后状态。

目前,中国国内与国外在发明专利申请方面,除了计算机与自动化、电子测量与雷达导航等领域差距稍小以外,其他技术领域的国内专利申请与国外企业的专利申请数量差距都比较大,尤其是在电子器件、广播与电视、家用电器、通信以及信息材料与加工工艺等领域。电子信息技术领域专利申请的总体情况,反映出以下两个特征:一是电子信息技术领域的专利申请在全部专利申请总量中所占比例较大;二是电子信息技术领域的专利申请技术含量相对较高,技术含量较高的发明专利占 60.37％,实用新型专利仅占 39.63％。但国内外企业在专利申请数量上仍有

---

① 基础研究:指为了获得关于现象和可观察事实的基本原理的新知识(揭示客观事物的本质、运动规律,获得新发展、新学说)而进行的实验性或理论性研究,它不以任何专门或特定的应用或使用为目的。

② 应用研究:指为了确定基础研究成果可能的用途,或是为达到预定的目标探索应采取的新方法(原理性)或新途径而进行的创造性研究。应用研究主要针对某一特定的目的或者目标。

③ 试验发展:利用从基础研究、应用研究和实际经验所获得的现有知识,为产生新的产品、材料和装置,建立新的工艺、系统和服务,以及对已产生和建立的上述各项作实质性的改进而进行的系统性工作。

④ 参见:温珂、李乐旋:《从提升自主创新能力视角分析国内企业基础研究现状》,《科学学与科学技术管理》2007 年第 2 期。

一定差距,在发明专利申请中,国内发明专利申请量不到国外的一半。导致这个结果的根本原因还是在于研发投入的相对薄弱:在通信、计算机行业内的研发强度从 2001~2005 年还略有下降,与我国研发投入强度总体上略有提高的趋势是背离的,而且强度还低于平均水平(见表 7 - 13)。

表 7 - 13　　　　　　2001~2005 年中国研发经费投入情况

年　份	2001	2002	2003	2004	2005
国家研发投入(亿元)	1 042.5	1 287.6	1 539.6	1 966.3	2 450
占 GDP 比例(%)	1.1	1.23	1.21	1.23	1.34
增长速度(%)	16.3	23.5	19.6	27.7	24.6
通信计算机设备及其他电子设备制造业研发投入强度(%)	1.6	1.7	1.2	1.1	1.2

资料来源:赛迪顾问:《中国信息产业技术创新竞争力报告》,转引自《中国计算机报》2007 年 9 月 18 日。

　　表 7 - 13 显示,中国总体研发强度低于发达国家 2.5% 的平均水平,在近几年呈缓慢的提高态势,但是通信计算机产业的研发投入强度却出现小幅下降的态势。其背后存在的原因大致有两个方面:一是国际市场竞争加剧。由于中国大部分本地企业处于价值链的低端,在日趋激烈的国际市场竞争下以消费类电子产品为主的产品线出现生产能力过剩局面,导致企业利润水平低,无力实现研发资本的储备;二是整个产业发展呈粗放型的过快扩张态势。2000 年以来,中国电子信息产业主要依靠投资和出口实现规模扩张,增量部分大都是新增投资带来的,而企业通过技术进步和管理创新实现的内涵式、集约型增长部分非常少。2004~2007 年,电子信息行业规模以上企业销售收入年均增长 24%,同期固定资产投资年均增长 30.3%,规模扩张主要依靠投资驱动。由此带来的是产业规模越来越大,而利润率却越来越低。电子信息产业全行业营业利润率由 2000 年的 5.7% 下降至 2007 年的 3.75%[①]。

第四节　中国产业创新的阶段性成果和战略导向

　　对中国目前的技术而言,现实的产业全球化发展趋势与中国加入 WTO 的现

---

① 资料来源:赛迪顾问:《中国信息产业技术创新竞争力报告》,转引自《中国计算机报》2007 年 9 月 18 日。

实使外国厂商进入我国市场的限制越来越少,这导致我国在利用外资过程中技术创新战略的自主性下降。近几年,我国已经对关系到信息技术产业核心技术水平的芯片行业给予高度重视。如果仿效韩国,通过减少外商直接投资来发展本国自主技术创新,在目前的经济全球化背景下是完全不可行的。因此,合理的战略定位还是在扩大外资研究机构的"二次创新"效应的同时,加大本国自主性技术创新活动的力度,而其重点在于弥补现有体制特征层面上的一些挑战,利用政府"看得见的手"主动干预产业发展中与国际惯例存在的差距,并利用政府采购等国际规则范畴可以采取的非市场行为,对一些战略性产业给予市场支持,帮助企业顺利渡过成长期,获得产业创新具备基本要素和制度环境的保障。

一、中国在新开放阶段下的产业发展战略

基于我国信息技术产业大量本土企业还处于产业链低端的现状,产业政策的主要导向是政府对包含先进技术项目的鼓励政策以及产业创新人才培养的双管齐下。"十五"计划中相关半导体产业的扶持战略已经有效地推动了产业技术能力的提升和市场潜力的释放,行业内企业利用国际资本的能级继续提升,已经从中低端向产业内高端的核心部件合作转变。

中国巨大的市场潜力以及目前跨国公司研发全球化趋势为刺激跨国公司加快技术转让创造了积极的产业生态环境。在局部领域,中国利用外资已经从 OEM 制造升级为合作开发产品的高端外资引入,中外双方的合作已经实现了技术转移的有效推进以及本土企业技术学习。跨国公司的全球研发网络在中国的区位投入也对本土技术外溢起到了积极的作用。

目前,在信息技术产业开放式创新为主流的综合创新平台下,企业自主研发投入和吸引外商直接投资企业的研发中心之间并没有真正的冲突,由于国内研究投入低,鼓励创新的配套制度也相对薄弱,所以外商直接投资是获得新技术、信息和技能的最佳方式之一。借鉴新型工业化经济体的历史经验,可以梳理出技术后进国家开放型技术政策的两类倾向:一是将国内研究开发与外商直接投资视为竞争性的关系,例如日本、韩国和中国台湾,它们在工业化的关键时期遏制外商直接投资,积极寻求发展本土创新能力,采取的措施是迫使本国的企业复制或者购买外国技术,然后在此技术上投资,目标是吸纳和提高相关的技术能力;二是将国内研究开发和外商直接投资视为互补性关系,战略思想是利用外商直接投资提高本土创新能力,采取的政策是鼓励高技术领域的外商直接投资,并以激励手段刺激跨国公司的创新性活动。典型的国家有爱尔兰和新加坡。爱尔兰是过去 10 年里经济增

长最快的欧洲国家之一,工业绩效提高得非常快,中高技术产品占制造业增加值的比重在全世界的排名也有大幅度上升,这个成功的主要推动力是国家有关部门的积极干预手段,有效地促进了外商直接投资和人力资本扩大的结合。爱尔兰工业发展局作为政府部门负责促进吸引外商直接投资的工作,但这个部门不仅仅是个促进投资的机关,它还负责产业政策,因此能够将产业发展目标融合到利用外资政策中,在制定战略和协调的过程中影响工业部门的技术升级。这个部门积极实行加强本地供应商与跨国公司分支机构之间的联系的战略,引导跨国公司的下属机构深化本地技术、开展研发活动。我们需要结合上述两类战略,根据产业内战略性产品和非战略性产品各自的特点和研发要求,推进组合型的创新研发战略。

二、中国半导体产业的跨国合作成果

作为信息技术产业核心技术的主要载体,半导体行业受到政府高度重视,在产业政策上获得高度倾斜,处于产业价值链高端的芯片制造成为鼓励类外商投资产业目录中的重点行业。2000~2006年,中国芯片产业投资总额达到200亿美元,其中外资占了一半,已初步形成长三角、京津环渤海湾、珠三角和中西部四个产业基地,全国芯片企业总数达到700多家,内部也形成"垂直分工模式"的模式。而且在出口活动上外资企业的贡献占了近70%。跨国公司主动推进高端产品投资项目的趋势已经凸显,是我国利用外资的技术效应提升的一个典型例子。以中芯国际为代表的本土半导体领先企业与全球大跨国公司的技术合作不断升级,2007年2月,日本最大半导体记忆体厂商尔必达向中芯国际转让一批8英寸晶元设备,将被用于中芯国际位于成都的工厂——成都成芯半导体制造有限公司。这是目前我国最大的半导体代工企业,拥有4座8英寸工厂和1座12英寸工厂。尔必达公司发言人称,此举是公司为了集中资源加强技术更加尖端的12英寸晶元的生产,以先进技术大幅扩增DRAM产量[①]。2007年10月,全球最大的纯闪存解决方案供应商——美国Spansion Inc.公司宣布向中芯国际转让65纳米MirrorBit(R)技术,用于300毫米晶元代工生产。2006年中国的半导体投资实现了74.4%的增长率,总额超过了23亿美元[②]。这个形势引发了国际半导体设备和材料厂商开始预期中国在更加先进的300毫米芯片发展上的潜在市场以及生产能力。行业内的领先

---

① 资料来源:黄婕:《中芯国际接盘尔必达8英寸制造》,《21世纪经济报道》2007年3月2日。

② 资料来源:姚刚、钱敏、王志华:《全球半导体产业发展新动力正在中国形成》,《半导体国际》(www.sichinamag.com)。

企业在技术转移上都比以往更加积极。在这个合作项目之前,美国的英特尔公司于 2006 年 3 月宣布在中国大连投资 25 亿美元建立 300 毫米晶元厂,相关技术已经触及美国政府允许对华出口的极限①。

目前,我国在半导体芯片产业的国际竞争力有较大提高,在产业链上不少本地企业已经进入了芯片设计这个中高端的子行业。从过去高度依赖国外品牌商的代工合约,转变为现在掌握主流芯片的设计能力。这个转变的主要动力不仅来自国内代工企业积极推进 IP 或工艺技术的转移、授权以及建立合资企业,也来源于包含大量政府投资的研究项目。我国目前半导体芯片的设计能力与国外技术原创国之间的差距趋于缩小(见图 7-6),国内先进芯片设计企业的设计能力已达到 90 纳米,主流设计能力集中在 0.18 微米~0.35 微米。而芯片制造业技术进步更明显。2007 年 12 月,中芯国际在上海的 12 英寸生产线 Fab8 正式投产,标志着我国的集成电路量产水平达到了 65 纳米。在 0.13 微米技术节点时,国内最大的半导体企业中芯国际与国际领先企业的产品投产时间差距还保持在两年左右,而到了 65 纳米技术节点时,两者之间的差距进一步缩小到一年左右。并且,中芯国际还在积极开拓 45 纳米芯片的相关生产技术。2007 年 12 月,中芯国际与 IBM 签订了 45 纳米 bulkCMOS

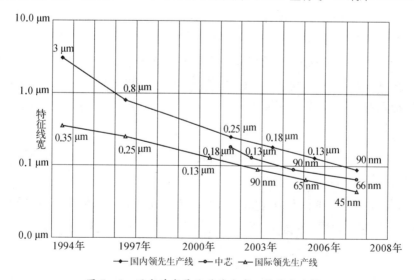

图 7-6　国内外半导体芯片生产工艺技术比较

数据来源:转引自上海市经济委员会、上海科学技术情报研究所编:《2008 年世界制造业重点行业发展动态》,上海科学技术文献出版社 2008 年版,第 78 页。

①　冯大刚:《英特尔们开始搭准中国脉搏》,《经济观察报》2006 年 7 月 2 日。

技术许可协议。利用 IBM 技术授权,将大大加速中芯国际 45 纳米逻辑芯片工艺技术的开发进程,据公司规划,公司将在 2009 年年底实现 45 纳米芯片试生产[①]。

除了芯片生产能力的发展之外,在芯片设计和售后服务环节上,本土企业的优势也在逐步积累。本地企业发展的一个非常有利的条件是熟悉本地市场需求,本地企业针对当地需求设计芯片的优势甚于国外企业,这是本土企业培育国际竞争力的有利条件。近年国外大的芯片设计公司纷纷在国内开设研发中心的重要原因之一也在于贴近市场需求,便于设计上的灵活应对。该行业的"数字化的变革时代"引领着消费电子产品数字化、娱乐智能化和多样化的潮流,更加频繁的产品换代与多样化产品开发环境,这个需求动向的另一个积极效应在于行业垄断的可能性非常小,这也是中国本地企业嵌入产业的全球创新网络,培育国际竞争力的机遇。

三、提高中国信息技术产业自主创新能力的战略导向

在激励国际性企业扩大产业高端投资的同时,我国也明确了培育本地企业竞争力的扶持政策,已经出现了像中兴、华为、大唐等一批具有国际竞争力的本土信息技术企业。这些企业正积极推进从基础研究、关键技术到产品的整体开发的全面竞争力提升战略。在中国信息产业部最新公布的《信息产业科技发展"十一五"规划和 2020 年中长期规划纲要》中,集成电路在重点发展的十几项技术中位列第一,国家科技部门对这项技术的投入是非常大的,对相关的人才培养也非常重视。

在半导体核心硬件设备的发展上,我国已经在世界主流技术上成功地跨出了自主创新的步伐。一个最典型的例子就是中国科学院计算机研究所 2002 年研制成功的"龙芯一号",填补了我国在计算机核心组建——芯片上的长期国内自主技术空白,目前在产业化阶段已经成功获得国外企业的合作[②]。中国科学院计算机研究所的研究团队从一开始就强调正向自主设计,在微体系结构上有创新,在消化现有国际先进水平的体系结构基础上,在设计和流片生产中跳过了已经成熟的一些设计,选用了目前国际处于主流地位的芯片工艺。在此之后研制成功的"龙芯"二号是目前除美、日之外世界上性能最高的芯片。这项设计技术以及基于"龙芯"二号的后续芯片产品已授权由欧洲最大的芯片公司意法半导体公司销售,中国将获得相应的专利费用。这为我国国际导向的芯片产业化道路扫除了障碍,使

---

① 资料来源:上海市经济委员会、上海科学技术情报研究所编:《2008 年世界制造业重点行业发展动态》,上海科学技术文献出版社 2008 年版,第 78 页。

② 资料来源:《中国"龙芯"借船出海 改变全球芯片市场格局》,中新社,2007 年 3 月 28 日。

我国的芯片技术融入全球半导体产业链当中,改变全球芯片的市场格局。除了继续在自主品牌芯片开发继续努力之外,在产业发展战略上需要重点考虑如下两个方面:

(一)提升创新能力的技术标准战略

信息技术产业的市场竞争已从产品质量、价格竞争上升到对品牌、核心技术和标准的控制,标准和知识产权已成为世界各国竞争的焦点。标准和知识产权制度在促进信息技术创新、推动电子信息产业可持续发展等方面起到了激励创新、规范竞争、调整利益的重要作用。知识产权已成为企业竞争的基础和决定胜负的关键。中国电子信息企业研发投入少,创新能力弱,导致中国信息技术标准化工作滞后。中国不仅被排除在国际标准化组织五个常任理事成员(美国、英国、德国、法国和日本)之外,而且,承担该组织国际标准的制定量仅占总量的1%。作为电子信息产品制造大国,却不能在标准问题上获得充分的话语权,使中国付出了巨大的代价。

相比其他新兴市场经济体,中国的半导体产业在进口先进的半导体制造设备、材料、工艺等活动上面临非常严重的卖方限制准入问题。虽然在新技术开发成果比以往有很大提高,但是在核心技术知识产权和标准方面,我国企业面临的国际竞争环境比以往任何时候都要激烈,近年来中外公司技术专利纠纷增多就已经反映出这个趋势。2007年3月,中国的数字机顶盒也面临欧洲MPEG-2组织索要机顶盒专利费的律师函,索要每台2.5美元的专利费,对中国主要出口商创维公司而言,每年的费用相当于该公司出口额的1/3,显然无法令人接受。欧洲提出该要求的一个重要背景是中国机顶盒在当地市场上高达50%的份额。

在信息技术产业的另一个重要领域——移动通信行业内,由于行业特有的网络效应和技术锁定问题,外资企业具有非常明显的先入优势。在国家的积极干预下,我国已经成功地自主研制成功3G平台上的TD-CDMA标准,但是这个标专在全球主流3G标准体系中的地位仍然受到来自WiMAX标准的冲击,未来中国企业的主动权仍然是不确定的。这个局面的形成也从侧面反映出我国这些本土公司的技术能力的提升,没有这个进步而带来的对美国等先行者的挤占或是即将挤占,纠纷也就失去动力了。因此,未来我国产业将面临继续推进自主创新,同时亟待提升包括标准在内的知识产权优势的双重任务。

目前,在电脑和通信产品领域,我国制定标准的一些事例已经受到广泛关注,包括:自行研制的电脑微处理器("龙芯");自主的DVD换代标准EVD(增强型多媒体盘片系统)标准;自己开发的新的数码音频标准AVS(数字音视频编解码技术标准)取代 MPEG(活动图象专家组);自己开发用于数字设备交流信息设备资源共享协同服务标准(IGRS);新一代的互联网协议第 6 版(IPV6)。自从 2003 年底我国信息产业部颁布了自己制定的 WAPI 无线局域网标准,以及近年我国推出自主制定的经国际电信联盟(ITU)批准 TD-SCDMA 移动通信系统标准,作为我国自主创新的一次重要实践,受到以美国为主的发达国家的强烈关注,这个事实从一个侧面反映了技术标准对技术和经济竞争主导权的重大意义。

技术标准作为影响信息技术产业竞争力与产业安全的一个重要因素,在我国未来该领域中的技术战略中占有重要地位,其目标是在现有的国际技术标准中寻求中国的位置,使我国能够尽快摆脱一直扮演的"快速跟踪者"角色,而挑战占主导地位的技术标准。这是我国主动参与该产业国际分工中各方参与者的利益分配的一个途径。对于一个有巨大市场潜力的国家而言,我国不仅仅需要维持产业在生产和出口上的优势,实现产业本身在市场上的绝对利益,同时应该也有条件探索作为国际生产网络中标准制订者所获取的相对收益。可以说,中国开发自主技术标准是对全球经济的战略对策。中国拥有全球最大的市场,中国的劳动力极富创造力且教育程度日益提高,因此有必要为自己的市场设立一套具有竞争力的标准;另外,中国独特的语言也是一个天然的优势,可以利用这个优势在如信息技术、通信及生物技术等领域里开发中国自己的技术标准。通过建立自主的技术标准,努力在世界范围内推广使用其创新技术,并利用广大市场来加速推广进程,从国内企业扩大到希望进入中国市场的外国公司,这无疑将成为我国改变在这些新兴产业上利益分配格局的一个契机。

(二)掌握多边贸易规则助推企业技术创新

作为新一轮技术革命的跟随者,根据后发优势理论,中国作为后起国家,具备获得技术后发优势,但是目前多边贸易规则下有关技术和知识产品的保护措施显然对后进国家技术获取和模仿创新带来一些不利影响。与 20 世纪后半叶的国际市场环境相比,中国目前从全球高科技产业创新进程中获得的后发优势并不十分明显。从历史发展的眼光看,从 19 世纪的美国,到 20 世纪的日本和韩国,都是在很宽松的知识产权保护措施下得以实现经济起飞的,而我国现在面对的是比当时严格得多的知识产权保护的大环境,要掌握发达国家新技术面临的阻碍越来越大。

与此同时,作为 WTO 成员,对于扶持和直接干预创新技术的研究与开发上所采取的手段也面临很大制约,其中最突出的就是 WTO 相关协议对政府补贴行为的制约。按照中国加入 WTO 的议定书,我国在加入 WTO 的 15 年时间内将被视作非市场经济国家,但同时,其他 WTO 成员可以援引反补贴法对从中国进口的产品征收反补贴税。《补贴与反补贴措施协定》(ASCM)在确认是否存在补贴时并不考虑补贴的成员方是否是市场经济国家,这意味着,我国在加入 WTO 后,随时面临被其他成员方起诉而被适用反补贴法的可能,因此,我国必须遵守 ASCM,取消出口补贴或进口替代补贴,反对和严格限制对国有企业的专向性补贴。

显然,以往为政府广泛使用的补贴政策受到了严格限制,其他 WTO 成员方能够根据 ASCM 来衡量和处理我国的国有企业补贴问题。因此,我国目前出台的一些帮助国有企业提高技术创新能力的补贴手段和措施无疑面临着被 WTO 其他成员方起诉的风险。为此,我们所作的调整除了取消那些明显违背 WTO 规则的出口补贴,对已经制定的有关扶持产业发展基础技术的发展战略可以根据 ASCM 具体的要求,为避免误解而进行技术上的调整:

(1)在相关鼓励科技创新的法规、文件中避免使用可能被误解的用语。ASCM 将补贴分成两类:一类是出口补贴和进口替代补贴;另一类是政府的 R&D 补贴。前者被确定为禁止性补贴,而后者只要是限于产业研究和前竞争阶段的补贴,还是被允许的,相关的 ASCM 条款被称为绿灯条款。因此,我国需要对已经制定的一系列鼓励、支持企业以及其他商业性的新技术、新产品开发的规定和措施的用语进行必要的调整,避免被理解为是超越前竞争阶段的,或者直接与出口竞争力相关的补贴措施。目前我国涉及企业创新能力培育的相关政策和措施包括:《关于科技型中小企业技术创新基金的暂行规定》、《国家级火炬计划项目管理办法》以及《国家技术创新项目计划管理办法》。对于这些公开的政策和措施,我们调整用词的原则应强调创新活动的公共产品性质,以免被理解为政府针对企业竞争力的补贴行为。在操作中,政府和有关机构仍然可以通过组织实施科技项目来支持研究成果的商业化。

(2)加强基础性的科学研究和共性技术的研究,推动创新能力的培育。除了对现有的针对企业创新活动的措施以外,我们需要更加关注和重视基础性的研究。它作为 ASCM 规定中被允许的国家支持行为,可以完全避免补贴活动中的争议,同时也正是我国目前在创新活动中非常薄弱的一个环节。因此,我们对技术创新的财政金融资助需要更多地放在支持产业研究和前竞争开发活动阶段的 R&D,把解决基础技术和共性技术作为今后我国科技补贴的重要对象。由于这个研究领域针对的技术具有公共产品的性质,所获得的收益在短期内不大,但是它们积累起来可以产生很大的长期效益,能够像其他公共基础设施一样,使整个产业甚至整个国家受益。由于短期内的投资回报很少,企业一般不愿意投资,客观上要求政府和其他公共机构进行投资活动。这一投资行为在发达国家也是非常普遍的,尤其是欧洲国家,这个措施已经成为政府公共政策中很重要的一部分。我国需要把技术政策和产业政策有机地结合起来,把技术培训、咨询、测试服务等方面的扶持转移到基础技术的研究范围内,避免在WTO规则下引起争议。

参 考 文 献

外文部分：

1. Alessia Aminghini, China in the international fragmentation of production: Evidence from the ICT industry, *The European Journal of Comparative Economics*, Vol. 2, No. 2.

2. Ando Mitsuyo. Fragmentation and vertical intra-industry trade in East Asia [J]. The North American Journal of Economics and Finance, 2006,(3).

3. Antras Pol. Firms, Contracts, and Trade Structure[J]. Quarterly Journal of Economics, 2003,(12).

4. Arndt Sven W. Globalization and the open economy[J]. North American Journal of Economics & Finance, 1997,(1).

5. Arndt Sven W. Super-specialization and the gains from trade [J]. Contemporary Economic Policy, 1998,(4).

6. Arndt Sven W. Globalization and economic development[J]. Journal of International Trade & Economic Development, 1999,(3).

7. Arndt Sven W. Production Networks in an Economically Integrated Region [J]. ASEAN Economic Bulletin, 2001,(1).

8. Arndt Sven W. , Kierzkowski Henryk eds. Fragmentation: New production patterns in the world economy[M]. Oxford and New York: Oxford University Press, 2001.

9. Arrow,"The implications of Learning by Doing", [J]Review of Economic Studies,1962,(29).

10. Athukorala Prema-chandra, Yamashita Nobuaki. Production fragmentation and trade integration: East Asia in a global context[J]. The North American Journal of Economics and Finance, 2006,(3).

11. A. T. Kearney, "The Changing Face of China: China as an offshore Destination and offshoring of Software", Areport of the ACM Job Migration Task Force. 2006. http://www. acm. org/globalizationreport/pdf/fullfinal. pdf.

12. A. T. Kearney, "Execution is Everything: The Keys to Offshore Success" 2007. http://www. atkerney. com/shared res/pdf/offshoringFinal s. pdf.

13. Baden Fuller, C. , Targett, D. and Hunt, B. , 2000, Outsourcing to outmanoeuvre: outsourcing re-defines competitive strategy and structure, *Europe Management Journal*.

14. Bair Jennifer, Gereffi Gary. Local Clusters in Global Chains: The Causes and Consequences of Export Dynamism in Torreon's Blue Jeans Industry[J]. World Development, 2001,(11).

15. Balassa B. Trade Liberation and Revealed Comparative Advantage[J]. The Manchester School of Economic and Social Studies Journal, 1965,(2).

16. Balassa Bela. Tariff protection in industrial countries: An evaluation[J]. The Journal of Political Economy, 1965, (6).

17. Bhagwati Jagdish, Panagariya Arvind, Srinivasan T. N. The outsourcing [J]. The Journal of Economic Perspectives, 2004, (4).

18. Bhagwati Jagdish N. Splintering and Disembodiment of Services and Developing Nations[J]. The World Economy, 1984, (7).

19. Bhagwati Jagdish N, Dehejia Vivek H. Freer Trade and Wages of the Unskilled—Is Marx Striking Again[A]. In: Bhagwati JN, Kosters M. Trade and Wages: Leveling Wages Down [M]. Washington D. C: American Enterprise Institute; 1994.

20. Bond Eric. Market linkages with fragmented production [J]. The North American Journal of Economics and Finance, 2005, (1).

21. Brian J. Aitken & Ann E. Harrison, Domestic Firms, Benefits from Direct Foreign Investment? Evidence from Venezuela, The American Economic Review, 1999 June.

22. Blomstrom Wang, Foreign investment and technology transfer A simple model, European Economic Review, 2001.

23. CRISCUOLOC, PAOLA, ROLE OF HOME AND HOST COUNTRY INNOVATION SYSTEMS IN R&D INTERNATIONALISATION: A PATENT

CITATION ANALYSIS, Econ. Innov. New Techn. , 2005, Vol. 14(5), July.

24. PATENT CITATION ANALYSISharles T. Kelley, (Ed al), High technology Manufacturing and U. S. Competitiveness, RAND Corporation Publishing, 2004.

25. Chen Hogan, Kondratowicz Matthew, Yi Kei-Mu. Vertical specialization and three facts about U. S. international trade [J]. The North American Journal of Economics and Finance, 2005,(1).

26. Coase R. The Nature of the Firm[J]. Economica, 1937,(4).

27. Coe & Helpman, International R&D spillovers, European Economic Review Volume 39, Issue 5, May 1995.

28. Coe & Helpman, International R&D spillovers and institutions, European Economic Review, Volume 53, Issue 7, October 2009.

29. Corden W. M. The structwe of a tariff system and the effective protective rate[J]. Journal of Political Economy, 1966,(2).

30. Corbett, Michael, Outsourcing The outsourcing revolution: why it makes sense and how to do it right,Dearborn Trade Publishing, 2004,U. S. A..

31. David Hummels, Dana Rapoport, Kei-Mu. Vertical Specialization and the Changing Nature of World Trade[J]. Federal Reserve Bank of New York Economic Policy Review, 1998,(6).

32. Deardorff Alan V. Fragmentation across cones [A]. In: Arndt SW, Kierzkowski H. Fragmentation: New Production Patterns in the World Economy [M]. London: Oxford University Press, 2001.

33. Deardoff,Alan V, 2001,"Fragmentation in simple Trade Models", North American Journal of Economics and Finance, 12,pp. 121~137.

34. Diamond Technology & Management Consultants, Inc. "2006 Global IT Outsourcing Study", 2006, http://graphics. eiu. com/upload/gtf/1271115912. pdf.

35. Dixit Avinash K. , Grossman Gene M. Trade and Protection With Multistage Production[J]. The Review of Economic Studies, 1982,(4).

36. Dolan Catherine, Humphrey John. Governance and Trade in Fresh Vegetables: The Impact of UK Supermarkets on the African Horticulture Industry [J]. Journal of Development Studies, 2000, (2).

37. Dunning, H, 1998, "The Eclectic Paradigm of International Production :

A Restatement and Some Possible Extensions", *Journal of International Business Studies*, Vol. 19, No. 11.

38. Eaton,Johathan & Kortum,Samuel, International Technology Diffusion: Thoery and Measurement, Internatial Economic Review, Vol. 40 No. 3,1999.

39. Either & Markusen, Multinational firms, technology diffusion and trade Journal of International Economics, Volume 41, Issues 1~2, August 1996.

40. Ernst Dieter, Kim Linsu. Global production networks, knowledge diffusion, and local capability formation[J]. Research Policy, 2002,(8~9).

41. Feenstra Robert C. , Integration of Trade and Disintegration of Production in the Global Economy[J]. Journal of Economic Perspectives, 1998,(4). 167.

42. Feenstra Robert C. , Hanson Gordon H. Globalization, outsourcing, and wage inequality[J]. American Economic Review, 1996,(2).

43. Feenstra Robert C. , Hanson Gordon H. Foreign direct investment and relative wages: Evidence from Mexico's maquiladoras [J]. Journal of International Economics, 1997, (4).

44. Feenstra Robert C. , Hanson Gordon H. Ownership and Control in Outsourcing to China: Estimating the Property-Rights Theory of the Firm[J]. Quarterly Journal of 168 Economics, 2005, (2).

45. Feenstra Robert C. and Gordon H. Hanson. , "Foreign investment, Outsourcing and Relative Wages", NBER Working Paper, No. 5121.

46. Feenstra Robert C. and Gordon H. Hanson. , "The Impact of Outsourcing and High-technology Capital on Wages: Estimates for the United States, 1979~ 1990", *Quarterly Journal of Economics*, 114, pp. 907~940.

47. Findlay Ronald, Jones Ronald W. Input Trade and the Location of Production[J]. *American Economic Review*, 2001,(2).

48. Finger J. M. Tariff Provisions for Offshore Assembly and the Exports of Developing Countries[J]. *The Economic Journal*, 1975,(8).

49. Frobel Folker, Heirichs Jurgen, Kreye Otto. *The New International Division of Labour*[M]. London: Cambridge University Press, 1980.

50. Fukunari Kimura & Mitsuyo Ando, *Two-Dimensional Fragmentation in East Asia: Conceptual Framework and Empirics*, International Review of Economics and Finance 14 (2005).

51. Geishecker Ingo, Gorg Holger, *International Outsourcing and Wages: Winners and Losers* [EB/OL]. www. nottingham. ac. uk/economics/staff/details/holger_gorg. html, 2004.

52. Gee San, (1990), "The Status and an Evaluation of the Electronics Industry in Taiwan", OECD Development Centre Technical Papers, No. 29, Paris.

53. Gereffi Gary. International Trade and Industrial Upgrading in the Apparel Commodity Chain[J]. Journal of International Economics, 1999, (1).

54. Gereffi Gary. *Shifting Governance Structures in Global Commodity Chains, with Special Reference to the Internet* [J]. American Behavioural Scientist, 2001, (10).

55. Gereffi Gary, Humphrey John, Sturgeon Timothy. *The Governance of Global Value Chains: An Analytic Framework* [J]. Review of International Political Economy, 2003.

56. Gereffi Gary, Humphrey John, Sturgeon Timothy. *The Governance of Global Value Chains*[J]. Review of International Political Economy, 2005, (1).

57. Gereffi Gary, Kaplinsky Raphael. *The Value of Value Chains: Spreading the Gains from Globalisation* [J]. IDS Bulletins, 2001, (3).

58. Gereffi G, Korzeniewicz M. Commodity Chains and Global Capitalism [M], Westport, Connecticut: Greenwood Press, 1994.

59. Gereffi Gary, Memedovic Olga. The Global Apparel Value Chain: What prospects for upgrading by developing countries[R]: United Nations Industrial Development Organization, 2003.

60. Glass &. Saggi, International technology transfer and the technology gap, Journal of Development Economics, Vol55, 1999; 369~398.

61. Grossman, Gene M. and Helpman, Elhanan, 2002, "Integration versus Outsourcing in Industry Equilibrium", Quarterly Journal of Economics, 117(1), pp. 85~121.

62. Grossman, Gene M, Helpman Elhanan. Outsourcing versus FDI in Industry Equilibrium [J]. Journal of the European Economic Association, 2003, (1).

63. Grossman, Gene M. , Helpman, Elhanan. , Outsourcing in a Global Economy, Review of Economic Studies, 72, 2005.

64. Guillaume Gaulier, Francoise Lemoine, Deniz Uenal-Kesenci, "China's emergence and the reorganization of trade flows in Asia", China Economic Review, 18(2007).

65. Hanson Gordon H., Raymond J. Mataloni Jr., Slaughter Matthew J. Vertical Specialization in Multinational Firms[EB/OL].

http://www. itpf. org/TNN/ITPF/itp ＿ lib ＿ pub2. nsf/0/ c20da86e303dc8f386256cd90077f076/％24FILE/XI. VertSpec ％25200902. pdf, 2002.

66. Hay D., Morris D. I. ndustrial Economics and Organization[M]. London: Oxford University Press, 1991.

67. Helleiner G. K. Manufactured exports from less-developed countries and 169 multinational firms[J]. The Economic Journal, 1973,(3).

68. Henderson Jeffrey. The Globalisation of High Technology Production: Society, Space and Semiconductors in the Restructuring of the Modern World[J]. American Journal of Sociology, 1991,(5).

69. Henderson J. Danger and opportunity in the Asia Pacific [A]. In: Thompson G. Economic dynamism in the Asia Pacific [M]. London: Routledge, 1998.

70. Hobday Mike. The Electronics Industries of the Asia-Pacific: Exploiting International Production Networks for Economic Development[J]. Asian-Pacific Economic Literature, 2001,(1).

71. Hummels David. Have international transportation costs declined[EB/OL]. http://www. gtap. agecon. purdue. edu/resources/download/1238. pdf, 1999.

72. Hummels David, Ishii Jun, Kei-Mu Yi. The nature and growth of vertical specialization in world trade[J]. Journal of International Economics, 2001, (1).

73. Hummels David, Rapoport Dana. Vertical Specialization and the Changing Nature of World Trade[J]. Economic Policy Review 1998,(2).

74. Humphrey J, Schmitz H. governance and upgrading in global value chains [R]. Duisburg: University of Duisburg, 2000.

75. Humphrey John, Schmitz Hubert. Governance in global value chains[J]. Pubished in IDS Bulletin, 2001,(3).

76. Humphrey John, Schmitz Hubert. How Does Insertion in Global Value

Chains Affect Upgrading in Industrial Clusters? [J]. Regional Studies, 2002,(9).

77. J. Melitz. The Impact of Trade on Intra-Industry Reallocations and Aggregate Industry Productivity[J]. Econometrica, 2003, (12).

78. Jin W. Cyhn, "Technology Transfer and International Production—The development of the electronics Industry in Korea", Published by Edward Publishing Limited, 2002.

79. Jones Ronald, Kierzkowski Henryk, Lurong Chen. What does evidence tell us about fragmentation and outsourcing? [J]. International Review of Economics & Finance, 2005,(3).

80. Jones, R. and Kierzkowski, H. The Role of Services in Production and International Trade: A Theoretical Framework, The Political Economy of International Trade, Blackwells, 1990.

81. Kaplinsky Raphael, Morris Mike. A Handbook for value Chain Research [EB/OL].

http://www. ids. ac. uk/ids/global/pdfs/VchNov01. pdf, 2002.

82. Ke Li, Yifan Hu, Jing Chi, "Major Sources of Production Improvement and Innovation Growth in Chinese Enterprises", Pacific Economic Review, 12: 5 (2007).

83. Kian Wie Thee The role of foreign investment in Indonesia's industrial technology development, Technology Management, Vol. 22 Nos. 5/6 2001.

84. Kogut B. Designing global strategies: comparative and competitive value-added chains[J]. Sloan Management Review, 1985, (4).

85. Kohler Wilhelm. A specific-factors view on outsourcing [J]. North American Journal of Economics & Finance, 2001,(1).

86. Krugman Paul. Does Third World Growth Hurt First World Prosperity? [J]. Harvard Business Review, 1994,(4).

87. Krugman Paul, Cooper Richard N. , Srinivasan T. N. Growing World Trade: Causes and Consequences [J]. Brookings Papers on Economic Activity, 1995,(1).

88. Kui-yin CHEUNG, Ping LIN, *Spillover effects of FDI on innovation in China: Evidence from the provincial data*, China Economic Review 15(2004).

89. Learner Edward E. *The Effects of Trade in Services, Technology*

Transfer and Delocalization on Local and Global Income Inequality [J]. Asia-Pacific Economic Review, 1996, (2).

90. Lee & Mansfield, Intellectual Property Protection and U. S Foreign Direct Investment, The Review of Economics and Statistics, No. 2, May 1996.

91. M Grossman Gene, Helpman Elhanan. *Outsourcing in the Global Economy* [EB/OL]. http://www. nber. org/papers/w8728, 2002.

92. M Grossman Gene, Helpman Elhanan. *Managerial Incentives and the International Organization of Production* [J]. Journal of International Economics, 2004, (2).

93. Magnus Blomstroem & Hakan Pesson, *Foreign Investment and Spillover Efficiency in an Underdeveloped Economy: Evidence from the Mexican Manufacturing Industry*, World Development Vol. 11 No. 6, 1983.

94. Magnus Blomstroem & Ari Kokko, Foreign Direct Investment and spillover of technology, Technology Management, Vol. 22, Nos. 5/6 2001.

95. Magnus Blomstroem & Sjoeholm, Technology transfer and spillovers: Does local participation with multinationals matter?, European Economic Review, Vol. 43, Issu4, 1999.

96. Magnus Blomstroem & Hakan Pesson, Foreign Investment and Spillover Efficiency in an Underdeveloped Economy: Evidence from the Mexican Manufacturing Industry, World Development Vol. 11 No. 6, 1983.

97. Mathews John A, Cho Tong-song. Tiger Technology: The Creation of a Semiconductor Industry in East Asia[M]. Cambridge: Cambridge University Press 2000.

98. Maria-Luisa Petit and Francesca Sanna-Randaccio, Endogenous R&D and foreign direct investment in international oligopolies, International Journal of Industrial Organization, Vol. 18, Feb, 2000.

99. Melvin J. R. Intermediate goods, the production possibility curve and gains from trade[J]. Quarterly Journal of Economics, 1969, (1).

100. Melissa Schilling, Strategic Management of Technological Innovation, 2th ed. , 2006, McGraw-Hill.

101. Mona Haddad Ann Harrison, Are there positive spillovers from direct foreign investment? Evidence from panal data for Morocco, Journal of Development

Economics 42(1993).

102. Mowery & Rosenberg, Techology and Economic Growth, Cambridge University Press, 1995.

103. Nigel Driffield & James H. love, Who learns from Whom? Spillover, competition effects & Technology sourcing by foreign affiliates in the U. K, Working Paper of Aston Business School Research Institute, 2002 Nov.

104. OECD, National Development in Sciences, Technology and Innovation Policy, OECD Science, Technology and Industry Outlook 2006.

105. Pack, Howard. and Saggi. , Kamal. , 2001, Vertical technology transfer via international outsourcing, *Journal of Development Economics*, Vol. 65, 389~415.

106. Prahalad, C. K. , and Hamel, Gary, The Core Competence of the Corporation, *The economics of business strategy*, 2003, pp. 210~221.

107. Rumelt, Richard P. , Towards a Strategic Theory of the Firm, *Resources, firms, and strategies: A reader in the resource-based perspective*, 1997, pp. 131~145.

108. Samuelson Paul A. , *Where Ricardo and Mill Rebut and Confirm Mainstream Economists Supporting Globalization* [J]. Journal Perspectives, 2004,(3).

109. Stahler, Frank, A model of Outsourcing and FDI, *Review of Development Economics*, 2007; Vol. 1 Issue2: 321~332.

110. Steensma, H. Kevin. , Marino, Louis. And Weaver, K. Mark, Attitudes toward Cooperative Strategies: A Cross-Cultural Analysis of Entrepreneurs, *Journal of International Business Studies*, 4th Quarter 2000, v. 31, issue. 4, pp. 591~609.

111. Sanjaya Lall, Shuijiro Urata, *Competitiveness, FDI and Technology Acting in East Asia*, World Bank Institute, 2003, ISBN 1 84376 1149.

112. Sjoeholm, Fredrik, Technology Gap, Competition and Spillover from Direct Foreign Investment: Evidence from Establishment Data, EIJS Working Paper No. 38, 1997.

113. Wang & Blomstrom, Foreign investment and technology transfer A simple model, European Economic Review, Volume 36, Issue 1, January 1992,

Pages 137~155.

114. Terence Tsai Bor-Shiuan Cheng, "*The silicon Dragon: High tech Industry in Taiwan*", Edward Elgar Publishing House, U. S. A. 2006.

115. UNIDO, 2002~2003, "*Industry Development report — Competing through Innovation and Learning*", 2003.

116. UNIDO, Industrial Development Report 2002/2003：Competing through innovation and learning[EB/OL]. http://www. unido. org, 2002.

117. USITC, Production sharing：Use of U. S. components and materials in foreign assembly operations, 1995 ~ 1998 [EB/OL]. http://dataweb. usitc. gov, 1999.

118. V Deardorff, Alan. Fragmentation across cones [EB/OL].

http://www. fordschool. umich. edu/rsie/workingpapers/Papers426 ~ 450/ r427. pdf, 1998.

119. Vanek J. Variable factor proportions and inter-industry flows in the theory of international trade. [J]. Quarterly Journal of Economics, 1963,(1).

120. Yeats Alexander J. Just Flow Big Is Global Production Sharing? [A]. In：Arndt SW, Kierzkowski H. Fragmentation：New Production Patterns in the World Economy[M]. London：Oxford University Press, 2001.

121. Yi Kei-Mu. Can vertical specialization explain the growth of world trade? [J]. Journal of Political Economy, 2003,(1).

中文部分：

1. Shahid Yusuf, M. Anjum Altaf, Kaoru Nabeshima, 中国社会科学院亚太所翻译：《全球生产网络与东亚技术变革》,中国财政经济出版社 2005 年版。

2. [美] 范里安：《加入竞争与成本降低》,1994 年。

3. [美] 迈克尔·波特,李明轩、丘如美译：《国家竞争优势》,华夏出版社 2002 年版。

4. [美] 切萨布鲁夫：《开放式创新——进行技术创新并从中盈利的新规则》,清华大学出版社 2005 年版。

5. 陈涛：《中国 FDI 行业内溢出效应的内在机制研究》,《世界经济》2003 年第 9 期。

6. 程新章：《企业垂直非一体化——基于国际生产体系变革的研究》,上海财经大学出版社 2006 年版。

　　7. 对外经贸大学国际经济研究院课题组：《国际服务外包发展趋势与中国服务外包业竞争力》，《国际贸易》2007 年第 8 期。

　　8. 冯进路：《企业联盟——知识转移与技术创新》，经济管理出版社 2007 年版。

　　9. 于慈江：《接包方视角小的全球 IT 和 ITES 离岸外包——跨国服务商与东道国因素研究》，经济科学出版社 2007 年版。

　　10. 胡丽芹：《思科 VS. 华为案后的冷思考》，《电子知识产权》2003 年第 4 期。

　　11. 胡小婧、陈晓红：《我国中间产品贸易探析》，《国际经贸探索》2006 年第 5 期。

　　12. 胡昭玲：《国际垂直专业化与贸易理论的相关拓展》，《经济评论》2007 年第 2 期。

　　13. 华得亚、董有德：《跨国公司产品内分工与我国的产业升级》，《国际经贸探索》2007 年第 8 期。

　　14. 黄军英：《科技全球化及其政策启示》，《国际经济合作》2007 年第 10 期。

　　15. 黄烨菁：《中国高技术产业与产业安全》，《世界经济研究》2004 年第 9 期。

　　16. 江小涓：《外商直接投资对中国技术进步的贡献》，《国际经济评论》2004 年第 3 期。

　　17. 金芳：《产品内国际分工及其三维分析》，《世界经济研究》2006 年第 6 期。

　　18. 金芳：《世界生产体系变革的当代特征及其效应》，《世界经济研究》2007 年第 7 期。

　　19. 李彬等：《聚焦国外创新型国家》，《科技日报》2006 年 1 月 8 日。

　　20. 李平：《技术扩散理论与实证研究》，山西人民出版社 2001 年版。

　　21. 联合国贸易与发展会议编：《2001 世界投资报告——促进关联》，中国财经经济出版社 2002 年版。

　　22. 刘炼：《模块化策略下的市场结构、行为与绩效研究》，西南财经大学 2006 年版。

　　23. 刘志彪、张杰：《全球代工体系下发展中国家俘获型网络的形成、突破与对策：基于 GVC 与 NVC 的比较视角》，《中国工业经济》2007 年第 5 期。

　　24. 卢峰：《服务外包的经济学分析：产品内分工视角》，北京大学出版社 2007 年版。

　　25. 鲁桐：《高技术领域跨国公司战略调整的新特点及影响》，《国际贸易》2007

年第 3 期。

26. 上海财经大学产业经济研究中心：《中国产业发展报告》，上海财经大学出版社 2007 年版。

27. 上海市经济委员会、上海科学技术情报研究所编：《2008 年世界制造业重点行业发展动态》，上海科学技术文献出版社 2008 年版。

28. 苏迈德(Richard P. Suttmeier)、姚向葵：《中国入世后的技术政策：标准、软件及技术民族主义实质之变化》，《全美亚洲研究所工作论文》2004 年 5 月。

29. 唐宜红、阎金光：《离岸外包对中国出口结构的影响》[J]，《南开学报(哲学社会科学版)》2006 年第 3 期。

30. 王春法：《FDI 与内生技术能力培育：中国案例分析》，《中国社科院"中国外资政策的回顾与反思"研讨会》，2003 年 12 月。

31. 王艳：《2006 年美国科技发展综述》，《全球科技经济瞭望》2007 年第 7 期。

32. 温珂、李乐旋：《从提升自主创新能力视角分析国内企业基础研究现状》，《科学学与科学技术管理》，2007 年第 2 期。

33. 信息产业部信息产业研究所：《2006 世界电子信息产业发展年度报告》，2007 年。

34. 乌家培：《信息经济与知识经济》，经济科学出版社 1999 年版。

35. 杨来科：《论发展中国家高新技术产业的国际化》，《人大复印"高新技术产业化"》2003 年第 4 期。

36. 张耀辉：《产业创新的理论探索》，中国计划出版社 2002 年版。

37. 中国人民共和国信息产业部《中国信息产业年鉴》电子卷编委会：《2006 中国信息产业年鉴(电子卷)》。

38. 中国科技发展战略研究小组：《2003 中国科技发展研究报告——全面建设小康社会的科技发展战略问题研究》，经济管理出版社 2004 年版。

39. 中国科技发展战略研究小组：《中国科技发展研究报告 2005～2006》，科学出版社 2006 年版。

40. 中国统计局、发展和改革委员会、中国科技部编：《2003 年中国高技术产业统计年鉴》，中国统计出版社 2003 年版。

41. 中国社会科学工业经济研究所：《2003 中国工业发展报告——全球制造业分工中的中国》，经济管理出版社 2003 年版。

42. 中国社会科学工业经济研究所：《2003 中国工业发展报告——全球制造业分工中的中国》，经济管理出版社 2003 年版。

43. 中国社会科学工业经济研究所：《2004 中国工业发展报告——中国工业技术创新》，经济管理出版社 2004 年版。

44. 迈克尔、波特、竹内广高等：《日本还有竞争力吗?》，中信出版社 2002 年版。

后　记

　　本书是在我的上海社会科学院青年博士科研启动项目结项报告的基础上修改而成的,是我近几年对全球高技术产业发展态势作跟踪研究的一个阶段性成果,并获得上海社会科学院"世界经济"重点学科的出版资助。在此,首先要感谢上海社会科学院对青年科研人员的扶持。

　　在本书从构思到写作的过程中,得到了我所在的世界经济研究所的大力支持,所长张幼文研究员、徐明棋副所长和全球化经济研究室主任金芳研究员等都给予了诸多非常有价值的点拨以及建设性的意见,金芳研究员对产业全球化问题有着深厚的造诣,她的研究成果和平日里对我的指点给我的写作以诸多启迪,在此深表谢意。此外,我的博士生导师伍贻康教授长期以来关心我的研究工作,对于本书的出版也给予了很多支持。不仅如此,李安方研究员、赵蓓文研究员、钱运春副研究员、柴非博士、苏宁博士以及诸多无法一一列举的同事和同行也都在我的工作中给予各种方式的支持和帮助,在此表示感谢。另外,还要感谢上海社会科学院图书馆的王莺、王立伟老师在我收集资料过程中给予的莫大帮助。

　　我在此尤其要感谢上海社会科学院出版社的领导和编辑,由于我个人的原因,该书稿在编校过程中经历了一些反复,大大增加了他们的工作量,而他们对此给予了充分的理解和支持。在此,向他们表达我诚挚的谢意。

　　最后,感谢我的父母和先生,过去的三年,我经历了女儿出生和她人生第一个成长阶段,父母在生活上给予了无私且巨大的帮助,在此深感愧对他们。

黄烨菁

于上海社会科学院世界经济研究所

2009 年 12 月 30 日

图书在版编目(CIP)数据

信息技术产业的国际化发展：形态、机制与技术升级效应/黄烨菁著. —上海：上海社会科学院出版社，2009
ISBN 978－7－80745－595－0

Ⅰ.信… Ⅱ.黄… Ⅲ.信息技术－高技术产业－研究
Ⅳ.F49

中国版本图书馆 CIP 数据核字(2009)第 200465 号

信息技术产业的国际化发展
——形态、机制与技术升级效应

著　　者：黄烨菁
责任编辑：周　河
封面设计：闵　敏
出版发行：上海社会科学院出版社
　　　　　上海淮海中路 622 弄 7 号　电话 63875741　邮编 200020
　　　　　http://www.sassp.com　E-mail:sassp@sass.org.cn
经　　销：新华书店
印　　刷：上海社会科学院印刷厂
开　　本：787×1092 毫米　1/16 开
印　　张：12.25
插　　页：2
字　　数：220 千字
版　　次：2009 年 12 月第 1 版　2009 年 12 月第 1 次印刷

ISBN 978－7－80745－595－0/F・098　　　　　定价：30.00 元